★ 『农家书屋』特别推荐书系

》养殖技术类

野鸡野鸭家养技术

徐新明 董菲/主编

徐新明 董菲 李新国 徐炀/编写人员

湖南科学技术出版社

图书在版编目(CIP)数据

野鸡野鸭家养技术/徐新明,董菲主编. —长沙:湖南
科学技术出版社,2008.4
(野生动物家养系列)
ISBN 978 - 7 - 5357 - 5194 - 2

I.野… Ⅱ.①徐…②董… Ⅲ.①雉科 - 饲养管理②绿
头鸭 - 饲养管理 Ⅳ.S865.3

中国版本图书馆 CIP 数据核字(2008)第 025492 号

野生动物家养系列

野鸡野鸭家养技术

编　　著:徐新明　董　菲
责任编辑:陈澧晖
文字编辑:欧阳建文
出版发行:湖南科学技术出版社
社　　址:长沙市湘雅路 276 号
　　　　　http://www.hnstp.com
邮购联系:本社直销科　0731 - 4375808
印　　刷:唐山新苑印务有限公司
　　　　　(印装质量问题请直接与本厂联系)
厂　　址:河北省玉田县亮甲店镇杨五侯庄村东 102 国道北侧
邮　　编:064101
出版日期:2017 年 10 月第 1 版第 2 次
开　　本:787mm×1092mm　1/32
印　　张:5.5
字　　数:92000
书　　号:ISBN 978 - 7 - 5357 - 5194 - 2
定　　价:22.00 元

前　言

随着生活水平的提高，人们对食品由营养价值的单一需求，转而对营养、滋补、保健等多方面的需求，并特别注重其风味和安全性。野鸡和野鸭都是经济价值很高的珍禽，其肉质细嫩、营养丰富，历来是我国创汇产品之一。据有关专家分析，野鸡含粗蛋白 25%，比肉鸡高 11.84%，所含热量比肉鸡高 17.75%，胆固醇含量比肉鸡低 29.12%。据专家测定，山鸡肉含 10 多种氨基酸，具有较高的医疗保健作用。野鸭的粗蛋白质含量为 23%、脂肪含量低、胆固醇低，富含人体必需的氨基酸、脂肪酸和矿物质，是优秀的保健食品。

野鸡极为漂亮，是凤凰的原型，最大特点是好看、好吃、好卖，具有极高的经济价值，被誉为"野味之王""动物人参"。近年来，随着人们生活水平的提高，野味食品已成为餐桌、宴席上不可缺少的美味佳肴。我国人工驯养野鸡始于 20 世纪七八十年代，是目前国内开发最成功的著名特禽。目前国内野鸡需求的缺口还十分巨大，据统计，仅广东、福建、上海等沿海地区年需求量就达 5000 万只，而全国实际供应量不到 600 万只。野鸡肉质细嫩鲜美，野味浓，在我国人们一直把野鸡作为高档菜肴，深受市场青睐。由于我国沿海地区、香港、澳门盛行吃山鸡，每年还要大量出口日本、新加坡等国。加之近年来人为大量猎捕，野生山鸡濒临绝迹,从而出现国际、国内市场山鸡货源奇缺、供不应求的紧张状况。

　　野鸭是各种野生鸭的通称。野鸭抗病性强,繁殖力高,容易饲养。野鸭肉质鲜嫩,营养丰富,有一种特殊的野香味,被视为野味佳肴,对人体有滋补价值。我国是野鸭最早的驯化地,目前家养野鸭分布范围很广,遍布全国各地。我国于20世纪80年代先后从美国、德国引进了驯化程度高、生产性能好的家养绿头野鸭进行繁殖、饲养、推广,其饲养技术已日趋成熟。

　　为了迅速提高我国野鸡、野鸭养殖技术,促进我国野鸡、野鸭养殖向产业化方向发展,使广大同仁对野鸡、野鸭这一新兴产业有更多的了解,本书着重介绍了野鸡、野鸭饲养的实用技术,力求重点突出、技术先进,尤其强调实用性、针对性、可操作性和指导性四大特点,系统地介绍了野鸡、野鸭的生物学特性、生活习性、营养需要、人工孵化、饲养管理、常见疾病防治和养殖场建筑与设备等。因此,本书既可作为指导广大野鸡、野鸭养殖户(场)的良好读物,又可作为农村科技培训、农科教中心、农业技术职业学校等的培训教材。

　　由于野鸡、野鸭的养殖是一项新兴的事业,一些技术尚需进一步完善,而且由于时间仓促及编写者水平所限,疏漏和不当之处在所难免,深望同行专家和广大读者不吝指正。

编　者

目　录

第一章　野鸡、野鸭的生物学特性及经济特征

第一节　野鸡、野鸭的驯养概况及发展趋势

一、我国驯养野鸡的情况及发展趋势

我国饲养野鸡在清朝就有"活雉于贡"的记载，说明当时是从野外捕到后短时间饲养，但从没有大群饲养和繁殖。而真正开始研究野鸡人工繁殖，是从20世纪70年代后期由中国农业科学院特产研究所首先开始的。该所对地产山鸡驯养的小试研究，是从1978年开始至1981年止，中试研究是从1982年开始至1985年止。经过上述两阶段的试验研究，总结出地产山鸡的饲养方法和技术措施，从而开创了我国野鸡的人工繁殖之端。

家养野鸡是由野生野鸡驯化而来。野生野鸡是一种留鸟，适应于不同的生态环境。我国目前所饲养的野鸡主要有两个品种。一种是地产山鸡，是由中国农业科学院特产研究所于1985年培育成功的；另一品种是美国七彩山鸡，是20世纪80年代后期由美国引进的。美国七彩山鸡由于驯化程度高、体形大、产蛋量多而得到广泛推广，并有取代地产山鸡在国内商品野鸡生产中的主导地位的趋势。

　　目前，我国的野鸡养殖业主要以沿海及东北地区为龙头，向内地迅速发展，仅上海市 1992 年即达到存栏 50 万只，江苏盐城地区存栏 20 万只。全国已有 20 余个省市开展不同规模的野鸡养殖业。同时，以野鸡为主要狩猎对象的旅游狩猎场也在不断发展，除吉林、黑龙江外，山东也正在筹建泰山脚下的野鸡狩猎场，为泰山的旅游业又增添一个新项目。

　　我国的野鸡饲养业虽然起步较晚，但发展速度很快，目前尚处于方兴未艾的阶段，随着人民物质和文化生活水平的提高，这一新兴的特禽饲养业必将得到长足发展。

二、国外野鸡饲养业的概况

　　西欧、北美等国的野鸡来源于东方，他们养野鸡的最大特点是紧紧同本国发达的狩猎运动相结合，大量放养。放养的品种绝大部分是不同亚种间的杂种，俗称"狩猎野鸡"。

　　世界放养野鸡最早的国家是美国。1881 年美国驻上海领事把 28 只中国野鸡送到美国俄勒冈州，并放养成功。因此，中国目前饲养的美国七彩山鸡的祖先，仍然是中国野鸡。目前，美国人工饲养野鸡不仅十分普及，而且还作为实验动物应用于兽医科学研究上。目前世界饲养野鸡国家很多，如匈牙利每年繁殖硅鸡 100 万只，放养 70 余万只，主要用于狩猎，养殖商品野鸡和狩猎野鸡的还有波兰、罗马尼亚、保加利亚、法国及前苏联。其中，前苏联从 20 世纪 50 年代后期开始研究野鸡的驯养技术，在前苏联解体前全苏已有 90 个野禽繁殖场和研究所，不仅有规模较大的种野鸡繁殖场，还有利用杂交优势专门生产商品野鸡的生产场。韩国野鸡养殖技术也较先进，较早将野鸡啄癖矫正器应用于生产中，提高了野鸡繁殖率和野鸡的驯化程度。日本饲养的野鸡是从美国引种的，饲养技术也处于世界先进水平。日本在 20 世纪五六十年代饲养的野鸡主要为日本绿雉，其目的是为狩猎区放养之用。进入 20 世纪 70 年代后，食用野鸡需求量大增，日本养雉业转向体形大、驯化好的环颈雉。虽然养雉单位由 20 世纪 60 年代中期的全国 160 多所降至 90 年代初的 10 所左右，但饲养量却由原来的每所百余只增加到上万只。目前日本养雉业机械化程度高，每人平均可以管理 1.5 万只商品野鸡，产品加工销售一体化。

三、野鸭生产的历史与现状

野鸭是各种野生鸭子的通称。目前人工饲养的野鸭主要为绿头鸭（Anasplatyrhynchos）。属鸟纲、雁形目、鸭科。绿头鸭分布很广，亚洲、非洲、欧洲、美洲等均有，也遍布我国各地，现在的家鸭就是由绿头鸭驯化而来。我国是野鸭最早的驯化地，相传伏羲氏发明网罟，捕鱼捉鸟，绿头鸭就是捕来众多野鸟中的一种，经过长期饲养，被驯化为家鸭。古籍《尔雅》中记有凫和鹜。凫，指的是野鸭，鹜，说的是家鸭。春秋战国古籍《吴地志》还说，"吴王筑城养鸭，周围数十里"，说明我国当时已驯化野鸭为家养。

又据考古学家在江苏省句容、河北省平泉和河南省郑州二里岗的古遗迹中，发掘出从新石器时期至商周以至春秋战国时期造型别致、工艺精细的铜鸭尊和彩绘陶鸭，以及鸭蛋遗体。可以认为，在距今 2500～3000 年，我国南北很多地方已将野鸭驯化为家养。

野鸭在欧洲驯化的时间稍晚。据达尔文考证，古埃及、旧约时代犹太人和荷马时代希腊人都不知野鸭。但在古罗马时代，人们常猎取野鸭供食和取乐。据地中海岸地区出土的众多文物显示，野鸭常常以精湛技艺被绘制在墓碑或壁画上。在脍炙人口的希腊神话中，每年在祭祀爱神维纳斯时，最重要祭品之一就是野鸭。公元前 1 世纪，瓦罗著《论农业》中，才开始有关于意大利人驯养野鸭的记载，但还必须像其他野鸟那样被放入网围中，以防逃逸。推测欧洲人可能此时开始驯化野鸭。

早年驯养的野鸭，早就成为生长快、产蛋多、耗料少、含脂肪高的现代鸭种，与野鸭的性能相比已相去甚远。特别是肉质变化更大，已失去含脂低、瘦肉率高、野味香浓的特点。本节主要是介绍近年来在大自然环境中捕捉回来的野生绿头鸭，经过初步驯化繁殖或与家鸭杂交，培育成现在家养的野鸭。

在未开始家养野鸭之前，我国基本上是从大自然直接捕杀猎取野生鸭，作为传统野味和野鸭羽绒产品出口源，因此每年的捕杀量很大。仅江苏省扬州市的高邮、宝应湖周围，每年就要捕杀近 10 万只，江西鄱阳湖地区捕杀数量更大。尽管不断向大自然猎取捕杀，但还是远远不能满足国内外市场需要，而且生态平衡也受到很大影响。为此，我国在 20 世纪 70 年代末 80 年代初，对野鸭驯养进行了研究，并取得一定成效。并于 1980 年、1985 年和 1989 年先后从德国、美国引进数批家养野鸭，进行繁殖、饲养、推广，现已投入批量生产。如南昌鄱阳湖野鸭养殖联合公司，年生产野鸭数十万只。江西农牧渔业开发公司和香港某有限公司在江西南昌市郊合资兴办孵化、饲养、加工、冷藏、制罐头一条龙，年产

150万只野鸭的联合企业。另外，上海、江苏等地也是繁殖、饲养出口野鸭的基地。几年来家养野鸭已出口西欧、日本等国家。目前我国已可常年向市场提供家养野鸭产品，深受国内外市场欢迎和赞誉。

第二节　野鸡的生物学特性及经济价值

一、野鸡的生物学特性

1. 分类及分布

野鸡（phasianus colchicus *Linnaeus*）是鸟纲鸡形目雉科的重要鸟类，又称野鸡、山鸡、环颈雉等。野鸡是世界上重要的狩猎禽之一，共有30余个亚种，分布于我国的就有19个亚种之多。但从体形上看，北方亚种比南方亚种体重大，羽色鲜艳，经济价值更高。如广西南部分布的野生野鸡成年雄雉体重1.2千克，成年雌雉体重0.8千克左右，而东北亚种的野鸡成年雄雉体重1.5千克，雌雉可达1千克。

2. 形态特征

雄野鸡的羽毛比较鲜艳，雌雄有明显的区别。驯化的地产山鸡，雄野鸡的头部呈铜褐色，两侧有白色眉纹带。脸部皮肤呈绯红色，上缀黑色的点状小羽。头顶两侧各有一束羽端呈方形、黑色闪蓝光的耳羽簇。颈部呈金属绿色，下部有一白色颈环，颈环连续不间断，胸部呈铜红色有金属色反光，背黄褐色，带黑色斑纹。两肩及翅膀黄褐色，尾羽黄褐色带黑斑纹，腰部呈黑褐色。足上有距，体形比家鸡细长而小，体重在1.3千克左右。

美国七彩山鸡与地产山鸡相似，主要区别在于颈部的白色颈环不完全，绝大多数在颈腹面有间断或缺口。体形比地产山鸡稍大，体重在 1.5 千克左右。从美国七彩山鸡分离出的黑化雉，颈环不明显甚至缺少。

雌野鸡头顶部呈米黄色，间有黑褐斑纹，脸淡红色，颈部淡栗色，胸部沙黄色，上体呈褐色或棕褐色，下体沙黄色，尾羽褐色，有黑色横斑，跗蹠部灰色，尾比雄雉短，体重 1 千克左右。雌性美国七彩山鸡较地产山鸡体形略大，毛色略浅，但美国黑化雌雉毛明显深而黑。

3. 生活习性

野鸡适应性很强，栖息在海拔 300～3 000 米的陆地各种生态环境中，不善飞翔，善奔跑逃逸。常有季节性小范围内的垂直迁徙，但同一季节栖息地常固定。

野鸡有集群性，在冬季集体越冬，但从 4 月初开始分群。雄野鸡占领活动区域（占区）并寻偶配对，在整个繁殖期，雌雄同在一占区内，但并不在一起活动。占区的大小取决于栖息地大小、植被及种群密度等。

自然状态下由雌雉孵蛋，雏雉出生后，由雌雉带领组成血缘亲群活动。长大后又重新组成群组，到处觅食，形成觅食群。

人工饲养的野鸡，能够适应大群饲养的环境，可以和睦相处。但密度过大，妨碍采食，常发生相互叼啄现象。雄雉在繁殖期有激烈的争偶斗架行为，经争斗确立了"王子鸡"和雄雉在雉群中的地位后，才能安定下来。

野鸡胆怯而机警，善于疾跑和迅速隐蔽。在笼养条件下，当突然受到人或动物的惊吓或有激烈的嘈杂噪声刺激时，会引起雉鸡腾空而飞，有时会撞击网壁，发生撞伤或造成死亡。

　　笼养雄雉在繁殖季节也有主动攻击人的行为。野生成年雌雉常佯装跛行或拍打翅膀引诱敌害以保护幼雏。

4. 杂食性

　　野鸡是杂食性的鸟类，据野外考查发现，植物性食物占采食量的97%，动物性食物占3%。但各种食物所占比例受季节变化的影响，一般夏秋季节动物性食物比例增大。植物性食物包括草本、木本的嫩芽、茎、花、叶、果实、种子及落在地上或垂下来的农作物籽实。动物性食物主要是各种昆虫、蚯蚓、小型两栖动物等。

　　家养野鸡的食物是以植物性饲料为主，配以鱼粉等动物性饲料而成的配合饲料。据观察，家养雄鸡上午比下午采食多，早晨天刚亮和下午5~6时，是全天两次采食高峰；夜间不吃食，喜欢肃静环境。

5. 繁殖习性

　　雌雉第一次成功地交尾，产第一枚蛋，即被视为性成熟。雄鸡性成熟时间在10月龄左右。在自然光照和气候条件下，6月份孵出的雏雉，翌年4月份即可交尾和产蛋。

　　野生情况下，其配偶多为一雄二雌或一雄一雌，共同生活在一个占区内。人工驯养条件下，可100只或更多雄鸡组成一群，共同生活于同一网舍内，雌雄搭配比例为5:1~6:1。

　　在人工饲养条件下，繁殖季节的清晨，雄雉发出清脆洪亮的叫声。一般为二音节"嘎—嘎—"，并拍打翅膀，诱引雌雉到来。雄雉颈部羽毛蓬松，尾羽竖立，迅速追赶雌雉，从侧面接近雌雉，将靠近雌雉侧的翅膀下垂，另一侧翅膀不停地扇地，头上下点动，围着雌雉做弧形快速走动，然后跳到雌雉背上，用喙啄住雌雉头顶的羽毛，进行交尾。交尾动作在10秒内完成。完成交配后，雌雉抖动并整理羽毛，雄雉走开。

雄鸡的交尾早的在3月末至4月初开始，一般在4月中旬，交尾时间多在清晨。

地产山鸡的雌雉在4月末开始产蛋，但集中产蛋在5月中旬到6月中下旬，此期所产的蛋占年产蛋量的80%~85%，7月份锐减，7月20日左右停产。美国七彩山鸡则3月末即可开产，产蛋可持续到9月中下旬。

野生状态下的雌鸡巢穴较隐蔽而简陋，每窝产蛋15~20枚。当第一窝蛋被破坏后，雌雉可补产第二窝蛋，雌雉有较强的恋巢性。

人工养殖情况下，由于网室内野鸡密度大，互相干扰，产蛋地点很难固定。产蛋时间多集中在上午9时至下午3时。产程一般为10分钟至1小时不等，产程达2小时以上者，可能会发生难产。绝大多数雌雉已无就巢性，但极个别雌雉也会出现就巢性。在笼养密度小的情况下，有雌雉自然孵化成功的报道。

产蛋时，雌雉由伏卧改为蹲立姿势，并抬头挺胸收腹，尾部下降，用力努责几次，将蛋排出。蛋排出后，雌雉由蹲立改为站立姿势，频频观看刚产出的蛋，并用喙将蛋拨到腹下伏卧一段时间后走开。

产蛋量与雄鸡驯养时间长短、品种、年龄及饲养管理水平有关。刚从野外采种及捉回的雄鸡，一年内很少产蛋，人工繁殖多代的雄鸡产蛋较多，两龄要比一龄的产蛋多。地产山鸡的年产蛋量一般为20~25枚，饲养好的可年产40枚左右。美国七彩山鸡年产蛋量 70~120 枚。

二、野鸡的经济价值

1. 野鸡肉是鲜美可口的野味佳肴

野鸡肉味鲜美，营养丰富，肉质鲜嫩，味美可口，是高蛋白、低脂肪的野味佳肴。据分析，野鸡肉含粗蛋白23.43%~24.71%，比肉鸡高 11.84%，含热量也比肉鸡高17.75%，而胆固醇含量却比肉鸡低 29.12%：正因为野鸡肉具有高蛋白、高热量和低胆固醇的营养特点，因此被誉为优质保健肉和美容肉，其开发前景广阔。

2. 野鸡肉具有食疗作用

在中医食疗中，野鸡作为动物药具有特殊价值。野鸡肉具有抑喘补气，止痰化淤，清肺止咳之功效。明朝李时珍的《本草纲目》中记载，雉鸡脑治"冻疮"，嘴治"蚁瘘"，屎治"久疟"等。

3. 丰富人们的精神、文化生活

我国人民自古就有节日送野鸡作为礼品的传统。由于野鸡尾长，且羽色光彩鲜艳，观赏性强，送雄鸡有祝愿健康长寿，吉祥美满之意。特别是近年来兴起赠送活雉的送礼习惯，每年元旦和春节前是活雉销售的黄金季节。20 世纪 80年代中期，人工养殖的野鸡还主要以出口为目标，内销困难。但进 90 年代，随着人们生活水平和消费水平的提高，内销雉鸡已大幅度增加。

4. 开办野鸡狩猎场，发展旅游狩猎业

野鸡养殖业的发展，单靠笼养有其很大的局限性，不仅饲养成本高，而且发展缓慢。国外家养野鸡多与狩猎场相结

合,人工养殖种雉并孵化育雏,至中雏期放入狩猎场自然生长。待狩猎季节开放狩猎场,同时与旅游业结合,效益显著。我国的旅游狩猎业刚刚起步,相继开办了少量狩猎场,如黑龙江挑山疗猎场和吉林露水河狩猎场均养有狩猎用的地产山鸡。

5. 发展特禽养殖,振兴农村经济

饲养野鸡投资少,成本低,见效快,饲养技术简便易掌握,是适合于农村致富的特禽养殖业。一方面人工饲养野鸡所需网舍及设备简单,在农村及山区均可因陋就简,充分利用闲置建筑物及空闲荒地、林地建设网舍,建筑材料可以利用本地产的木材、竹林、金属网或渔网、旧钢材等。另一方面,野鸡饲料的成分主要由玉米、各种饼粕类、鱼粉、糠麸类、骨粉等组成,来源充足。饲养野鸡生产周期短,一般从出壳至18周龄即可达到出售体重。因此,有些养殖者春天购种雉,当年秋末即见效益,也有的春夏季购种雏,翌年发展并取得良好效益。据资料介绍,饲养1只种雌野鸡,一年可获纯利润200元以上,饲养1只商品野鸡一年至少可创利润10元以上。

6. 野鸡副产品综合利用开发前景可观

野鸡粪是优质农家肥,野鸡屠宰后的羽毛不仅可以作为轻工原料,而且可以制羽毛粉做畜禽饲料。其别具特色的雉鸡羽毛还可以制成羽毛扇、羽毛画、玩具等工艺品。用野鸡剥制成的生态标本,作为高雅贵重的装饰品,已进入许多城市居民之家,一具造型优美的野鸡标本售价也是很高的。

第三节　野鸭的生物学特性及经济价值

一、野鸭的生物学特性

1. 抗病性强

野鸭耐受力极强，不易患疾病或被动传染，死亡率极低。

2. 繁殖力强

野鸭在我国北方繁殖，冬季在长江流域或更南的地方越冬。野鸭在越冬结群期间就已开始配对繁殖，一年有两季产蛋，春季 3～5 月为主要产蛋期，秋季 10～11 月再产一批蛋。种蛋孵化期为 27.28 天。

3. 飞翔能力强

野鸭翅膀强健，飞翔能力强：秋天南迁越冬，春末北迁；人工驯养的野鸭，仍保持其飞翔特性，所以家养野鸭要配有天网。

4. 鸣叫

野鸭鸣声响亮，与家鸭极为相似。南方猎人常用绿头野鸭和家鸭的自然杂交后代作"媒鸭"，诱捕飞来的野鸭群。

5. 换羽

野鸭 1 年换 2 次羽（夏秋季全换和秋冬季部分换羽）。

二、野鸭的生活习性

1. 喜水

野鸭喜欢生活在河流、湖泊、沼泽地及水生动植物较丰富的地区。平时喜在水中嬉戏和求偶交配。

2. 适应性强

野鸭在热带和寒带都能适应。耐寒比耐热能力更强，能在 -30℃ ~ -40℃ 的条件下生存。

3. 喜群居

野鸭喜欢合群生活，并有群居习惯，迁移时都是成群结队而行。

4. 食杂

野鸭食性很广，不挑食。植物种子、茎、芽、叶、谷物、藻类以及软体动物、昆虫等都吃。

5. 敏感

野鸭十分胆小，警惕性很高，有一点小动静能立即警觉。

6. 善飞

野鸭翅膀长而有力，善于远途飞行。

三、绿头野鸭的经济价值

过去绿头野鸭一直是人们狩猎的主要对象，并被列为野味中的上品。经人工驯养后，其经济价值显得更为突出。

1. 营养丰富、野味浓郁

绿头野鸭肉是典型的低脂肪、高蛋白食品，其蛋白质和脂肪含量分别为 22% 和 3.8%，可与肉鸽相媲美。另外，绿头野鸭蛋的蛋黄比例明显高于家鸭蛋，且口味细腻，无腥味，是制作咸鸭蛋和松花蛋的上好原料。

2. 生长速度快，产肉率高

商品绿头野鸭的出生体重只有 43 克左右，70 日龄上市体重可达 1.2 千克，是出生时的 30 倍，全期耗料 5 千克左右。而且商品野鸭的饲料成本低，每千克只有0.8~1.2元，而目前商品野鸭的市场售价为每千克13~15元，同家鸭相比有较高的经济效益。同时，绿头野鸭的出肉率较高，其屠宰率和全净膛率分别为90%和80%，明显高于北京鸭。绿头野鸭生长速度快，旱地、小溪、江河、鱼塘都可饲养，是农村养殖致富的好项目。

3. 适合加工风味食品

绿头野鸭不但适合煎、炒、烹、炸、煮、炖等各种烹调方法，也适合加工各类风味食品。在我国江浙一带，人们将绿头野鸭加工成板鸭、盐水鸭等多种风味美食，在北京、上海、南京等地颇受欢迎。

4. 有较高的观赏价值

人工驯养的绿头野鸭仍具有一定的飞翔能力，尤其是雄性绿头野鸭羽毛鲜艳，无论是在飞翔还是在嬉水，姿态都很优美，是我国许多动物园普遍饲养的观赏鸟类之一。另外，用绿头野鸭的羽毛加工工艺品，具有美观大方、形象生动的特点，是开发绿头野鸭产品并迅速取得经济效益的一条捷径。

第四节　野鸡、野鸭的品种简介

一、野鸡的品种

野鸡驯养历史较短，因此培育出的品种也较少。目前国内公认的野鸡品种有两种，即地产山鸡和美国七彩山鸡。

1. 地产山鸡

地产山鸡是由我国培育成的野鸡品种。1978~1985年经7年时间，由中国农业科学院特产研究所的科研人员，在东北野生的野鸡的基础上驯化培育而成。在鸟类分类学上，该品种为河北亚种。

地产山鸡的外貌形态特征表现为体重较轻，雄雉1.2~1.5千克，雌雉0.9~1.3千克。雄雉头部眶上有明显白眉，颈环完全且颈环腹侧稍宽，胸部红褐色。雄雉体形细长，善活动，易惊飞。雌雉体形纤小，腹部颜色为浅黄褐色，善活动。

地产山鸡的生产性能较低，一般年产蛋量20~30枚，受精率85.24%，受精蛋孵化率89%左右。

地产山鸡肉味鲜美，肉质细腻，深受国内外消费者喜爱。同时，地产山鸡野性较强，善于飞翔，放养后独立生活和适应野外生活环境能力均强，是旅游狩猎场和放养场较合适的饲养品种。

2. 美国七彩山鸡

美国七彩山鸡又称美国雉鸡，是1881年美国驻上海领事将28只中国华东地区野生野鸡引入美国，并在俄勒冈州放养成功，经100多年的精心培育形成许多品种。引入我国的是经杂交后培育成的品种，现经我国大部分地区驯养实践表明，美国七彩山鸡的基因型属杂合体，现在生产中主要表型为标准美国七彩山鸡和黑化雉，其中黑化雉为隐性纯合体。

标准美国七彩山鸡一般体形较大、饱满，雄雉体重1.5~2千克，雌雉1~1.5千克。雄雉头部眶上无白眉，颈环不完全，在颈腹侧有间断。胸部红褐色，较鲜艳。雌雉腹部灰白色，颜色较浅。美国七彩山鸡驯化程度高，均不善活动和飞蹿。

黑化雉比标准美国七彩山鸡体形更大，且雄雉没有颈环或很不明显，颈及胸部多呈蓝黑色并具有金属光泽。雌雉黑褐色，与标准型雌性美国七彩山鸡明显不同。

美国七彩山鸡生产性能较高，年产蛋量在 60～120 枚，受精率 81.17%，受精蛋孵化率 84.16% 左右。因生产性能高，繁殖力强，所以目前被饲养场普遍选用。但它的肉质较粗糙，味道不及地产山鸡。

二、野鸭品种

野鸭在我国约有 11 种，每个品种均以雄鸭羽毛区别最大。

1. 针尾鸭（中鸭）

针尾鸭体重 1 千克左右，外形俊雄，全长 53～71 厘米，体重 500～1000 克。头深褐色，嘴铅灰色，颈长，颈侧与下体连成鲜明白色，通体羽毛暗褐色，具有白色或褐色的斑纹。中央一对尾羽特别延长，故名针尾鸭。雄鸭胸白色，雌鸭有褐色斑块。幼鸭似雌鸭，但有独特的黄棕色头。常成对或结小群活动，集中于开阔水面，晚上到岸边觅食，游泳时颈直尾翘，性机警而胆怯。食物以植物嫩茎、种子为主，也食昆虫等一些小动物。4～6 月筑巢于岸边地洞、树洞及悬崖上，每窝产 6～10 枚黄色卵，雌雄共孵，22～23 天出雏。

2. 罗纹鸭（三鸭）

罗纹鸭全长 44～52 厘米，体重 590～900 克，头顶栗色，头侧和头后的冠羽铜绿色，喉纯白，前颈有一黑领，体羽发灰。雄鸭头大，深色而带有光泽，头部有长而柔滑的冠羽；三级飞羽很长，在体侧垂下；嘴基的白斑点往往很显眼。雌鸭有均匀的褐色斑块，嘴黑色。常成对或小群活动，迁徙时呈大群。性胆怯而喜寂静，飞行灵活迅速。白天在开阔水面活动，晨昏飞到岸边、农田等处觅食，以水生植物、杂草种子为食。5~7月筑巢于岸边草丛或灌木丛，产7~10枚淡黄色卵，雌鸭孵化，24~29天出雏。罗纹鸭在我国东北繁殖，越冬于我国东部、南部沿海和长江中下游等地。

3.琵嘴鸭

琵嘴鸭全长43~51厘米，体重445~610克，嘴前端扩大呈铲状，头颈黑紫色，胸白色，翼镜绿色，腹红褐色。雄鸭匙状大嘴，比头长。雌鸭和幼鸭有褐色斑块。在浅水处用铲形嘴在泥土中掘食，性机警，受惊远游。飞时斜线上升，短程飞行迅速。食螺、甲壳类、昆虫、鱼等，也食水藻。4~5月筑巢于水边灌丛、草丛中，每窝7~13枚卵，雌鸭孵化，22~28天出雏。

4.花脸鸭

花脸鸭也叫元鸭、王鸭。颈及尾下覆黑羽绒，胸两侧棕白，眼下和颈基各贯以黑纹，翼镜铜绿。食水生植物的叶、茎及水藻等，也食昆虫等。

5.斑嘴鸭

斑嘴鸭全长53~61厘米，体重890~1350克。头顶和枕部深褐色，嘴黑色，末端橙黄色。羽褐色，翼镜紫蓝。站立时往往见到白色的三级飞羽。雌雄同色，但雌鸭和幼鸭颜色较暗。食水生植物的叶、茎及水藻，也食昆虫等。5~6月在水域草丛中营巢，产8~14枚白色卵，23~24天出雏。

6.赤颈鸭

赤颈鸭全长43~53厘米，体重550~900克。头顶棕白，头颈大都呈栗红色，背灰白而带有暗色虫状纹，翼镜暗灰褐，雄鸭头颈棕红色，前额色淡，有一乳黄色宽带，静止时胁部有白色横纹。雌鸭和幼鸭肋部红深褐色。喜欢有水生植物的开阔水面，善游泳和潜水，常将尾翘起，头弯到胸前。以植物为食，也吃少量动物性食物。迁徙时结群，常排成一行，飞行很快。5～6月在岸边筑巢，每窝产7～11枚白色卵，孵化期为22～25天。

7. 赤膀鸭

赤膀鸭上体多呈暗灰褐色，杂以波状白纹，胸褐色有新月状纹，翼镜黑白两色。成群活动，雏鸭70天左右就长到成鸭大小。有些群众把它们和家鸭一起饲养。

8. 绿翅鸭（八鸭）

绿翅鸭体小，全长35厘米。翼镜为金属绿色，头部呈深栗色，两侧有绿色带斑。雄鸭头深色，躯体灰色，臀部黄色并有黑色边界，静止时一般可见肩羽上长而白的横纹。雌鸭有褐色斑块，头部没有花纹。飞行时保持紧密的群体，速度很快，受惊时从水面垂直跳起起飞。以植物性食物为主，繁殖期也吃动物性食物。5～7月在岸边灌丛中筑巢，每窝产8～11枚淡黄白色卵，21～23天出雏，30天后可飞行。

9. 白眉鸭

白眉鸭体形比罗纹鸭小，头顶与喉呈黑褐色，具白眉纹，翼镜灰绿色。

10. 潜鸭

潜鸭有青头潜鸭、红头潜鸭、赤嘴潜鸭和白眼潜鸭，因其羽色种类不同而异，体形比绿头野鸭小。主要特征是足在身体的位置与其他鸭类相比更接近尾部，游泳时尾羽常拖在水面上。它们特别善于潜水，故称为潜鸭。以水生植物、草籽、小鱼虾、软体动物等为食。4~6月营巢于苇塘或近水草地上，每窝产6~9枚灰黄色卵，24~28天出雏。

11. 绿头野鸭

绿头野鸭别名为大红腿鸭、官鸭、大麻鸭、青边、绿头鸭等，是最常见的大型野鸭。雄鸭头和颈绿色，光彩夺目，故名绿头野鸭。

绿头野鸭雄鸭体形较大，体长55~60厘米，体重1200~1400克。头和颈暗绿色带金属光泽，颈下有一非常显著的白色圈环。体羽棕灰色带灰色斑纹，胁、腹灰白色，翼羽紫蓝色具白缘；尾羽大部分白色，仅中央4枚羽为黑色并向上卷曲如钩状。这4枚羽为雄鸭特有，称之为雄性羽，可据此鉴别雌雄。喙和脚灰色，趾和爪黄色。

绿头鸭雌鸭体形较小，体长50~56厘米，体重约1000克。全身羽毛呈棕褐色，并缀有暗黑色斑点；胸腹部有黑色条纹；尾部羽毛缀有白色，与家鸭相似，尾羽不上卷，但羽毛亮而紧凑，有大小不等的圆形白麻花纹，颈下无白环，喙为灰黄色，趾和爪一般为橙黄色，也有灰黑色。

绿头野鸭的适应性强，食性广，耐粗饲，增重快，产蛋早且多。在良好的饲养条件下，饲养80日龄即可上市。雄鸭150日龄达性成熟，雌鸭150~160日龄开始产蛋，年产蛋量一般100多枚，最高可达230枚。蛋重60克左右，种蛋受精率85%以上。

绿头野鸭是目前野鸭养殖中的主要种类，其他野鸭的养殖方法与绿头野鸭相似，因此，本书以绿头野鸭为主介绍野鸭的养殖方法。若非特别指明，以后所称野鸭皆指绿头野鸭。

第二章 野鸡、野鸭种蛋的孵化

禽是卵生动物，繁殖后代必须经过一个孵化过程。就禽类本身而言，抱窝是其繁殖后代的一种本能；就野鸡、野鸭养殖来说，孵化是生产中的一个重要环节。禽类繁殖后代包括两个阶段，即体内的成蛋过程和体外的成雏阶段。所谓孵化，就是通过外界的条件，如温度、湿度、通气等条件的影响，使禽蛋变成禽雏的过程。

第一节 种蛋的选择、保存、消毒与运输

一、种蛋的选择

种蛋品质好坏关系到雏禽健康及后代生活力和生产性能，因而对种蛋必须认真、严格地加以选择。种蛋应来源于高产、健康的野鸡、野鸭群体。种蛋大小适中，符合品种标准（如野鸭种蛋一般为60～67克、野鸡一般为27～39克），蛋形椭圆，蛋壳厚度适中，质地均匀。蛋壳薄孵化时容易破损，蛋壳过厚，胚胎不易破壳，壳质过密、气孔小，蛋内水分和二氧化碳难以排出，易造成死胚。过大过小或畸形蛋一般均为无精蛋或弱精蛋。种蛋还要新鲜、清洁。新鲜蛋壳颜色鲜艳，陈蛋则气室大，蛋壳颜色灰暗。种蛋表面应清洁，无粪便玷污。

二、种蛋的保存

种蛋在移送贮存或孵化之前必须晾干。种蛋愈新鲜，贮存时间愈短，蛋内物质变化小，胚胎生活力就强，孵化率也高，出壳整齐，雏禽健壮、活泼，成活率高。

1. 适宜的环境

种蛋应贮藏在清洁、阴凉、通风、光线柔和的房间里，种蛋贮藏前应对贮藏室熏蒸消毒。贮藏间卫生条件要保持良好，防止老鼠和蚊蝇等动物进入，以免消毒过的种蛋被污染。种蛋不能与农药、化肥等有害物质存放在一起。

2. 适宜的温度

理想的温度是 12℃~15℃，超过 23.9℃，胚胎便开始发育，会造成禽胚的衰老，孵化时死胚增加。低于 5℃，种蛋容易冻坏。因而种蛋库一定要做到冬暖夏凉。农户夏天可将种蛋放入地窖、防空洞等凉爽地方。较大种野鸡（野鸭）场的蛋库一般应设空调设备。一般种蛋保存时间不超过 7 天，要求种蛋库的保存温度是 15℃~18℃，如果种蛋保存一周以上（不要超过 14 天），要求种蛋库的保存温度更低，在12℃~15℃保存时孵化效果所受影响最小。待种蛋达到一定数量时一起入孵。

3. 湿度

湿度过高，种蛋容易变质发霉。湿度过低，蛋内水分大量蒸发。种蛋库适宜的相对湿度为 70%~80%。

4. 种蛋放置位置与翻蛋

生产中多采用种蛋大头向上放置。如果种蛋贮存时间不超过 1 周，则可不翻蛋。需要较长时间保存种蛋，必须每天翻蛋 1~2 次。农家常把种蛋放在箩筐和纸箱内，可在筐底一侧下方放上一块厚 1.5 厘米左右的木块，隔天取出木块放在另一侧下方即可，可与孵化机内的蛋盘配套，这样可大大提高工效，减轻劳动强度。

种蛋入孵前一般不洗涤，防止壳胶膜溶解和微生物侵入，使种蛋变质。

三、种蛋的运输

运输种蛋是生产中经常碰到的问题，种野鸡、野鸭场与孵化场通常相隔一定距离，这样收集的种蛋需作短距离运输。为了引进良种，交换良种，更需要长途运输种蛋。运输种蛋的交通工具有飞机、火车、汽车、轮船等。不论哪种运输方法，运输时都应注意包装完善，做到防震、防碰。冬季运输时，应注意保温，以防冻裂。

种蛋运输的适宜温度为 18℃，相对湿度 75% 左右，不论用何种运输工具，都要注意避免阳光直接曝晒，阳光曝晒会使种蛋温度升高，而使胚胎发育，运抵后应立即入孵，否则将影响出雏率，造成大批死胚。要防止种蛋淋雨受潮，种蛋被雨淋过之后，壳上胶质膜受到破坏，细菌就会侵入，使种蛋变质，严重影响孵化效果。运输过程中严防强烈震动，以免造成蛋壳破裂，蛋黄破散，系带断裂。种蛋运入目的地后应尽快开箱检查，取出破蛋并将蛋装入蛋盘，做好孵化前的消毒工作，尽快入孵。冬天气温低，运抵的种蛋不要马上进入温差太大的环境，应使种蛋温度慢慢升高。将很冷的蛋直接放入孵化器，会使孵化器内温度下降，会降低新入孵蛋及孵化器内原有种蛋的孵化率。

四、种蛋的消毒

母鸡刚生出的蛋，其蛋壳上可能附有细菌，特别是在地上或被玷污了的蛋，蛋壳上的细菌更多。若不及时进行消毒，细菌在蛋壳上繁殖，侵入蛋内，影响孵化率，并把疾病传给雏野鸡、野鸭，尤其是白痢病，危害很大。种蛋最好是每天捡蛋后尽快消毒，然后再入种蛋库。种蛋消毒的方法很多，最有效的方法有如下几种：

1. 甲醛熏蒸消毒法

按每立方米15克高锰酸钾加30毫升甲醛（福尔马林）计算好用量，先将甲醛放入瓷容器内（不能用金属容器，以免腐蚀，容器应为甲醛用量的10倍以上），置于种蛋消毒间，然后放入高锰酸钾，动作要迅速，立即关好门，经20～30分钟熏蒸消毒，然后开门和开排气扇即完成消毒过程。

2. 过氧乙酸溶液喷雾消毒法

过氧乙酸能快速杀灭各种细菌繁殖体、芽孢霉菌和部分病毒。用水稀释成200～500倍液，先加水，后加药液，配成后用喷雾器喷洒于蛋的表面。注意药液不能与其他药品、有机物质、金属等接触，否则会剧烈分解。溶液不能触及皮肤，如有接触应立即用水冲洗。消毒液应现配现用，以免挥发失效，喷雾器喷出的雾粒不宜过大，不能将种蛋喷得太湿，以免损坏蛋壳胶质膜。

3. 紫外线消毒法

可安装40瓦紫外线灯管，离蛋面1～1.2米，辐射10～15分钟达到无菌消毒的效果。

4. 高锰酸钾溶液浸泡消毒法

将高锰酸钾配成 0.01%～0.05% 的水溶液（即 100 千克水加入 10～50 克高锰酸钾，充分搅拌）置于大盆内，将种蛋放入盆内浸泡 2～3 分钟（水温保持在 40℃左右），并洗去污物，取出晾干即可。

5. 碘溶液浸泡消毒法

将种蛋放在 40℃浓度为 0.1% 的碘溶液内，浸泡约 1 分钟，洗去污物，也可杀死蛋壳上的杂菌和白痢杆菌。

6. 苯扎溴铵（新洁尔灭）溶液浸泡消毒法

用 0.2% 的苯扎溴铵温水溶液（水温保持在 40℃）浸泡种蛋 1～2 分钟，捞出沥干。使用苯扎溴铵时，切忌将肥皂、碘、高锰酸钾、升汞和碱等物质掺入，以免药液失效。

第二节　孵化条件

为获得良好的孵化效果，就必须掌握孵化的基本条件。即科学地掌握好温度、湿度、通风换气、翻蛋等。各项条件合适时，野鸡蛋经过 24 天，野鸭蛋经过 27～28 天，即可破壳而出，若条件控制不好会出现出雏提前或推后。

1. 温度

禽蛋的适宜温度一般为 37.5℃～37.8℃。胚胎发育的阶段不同，对温度的要求也不同。一般孵化初期，如野鸡孵化 1～7 天，温度宜稍高，可调至为 37.8℃；8～14 天为 37.6℃；15～20 天为 37.4℃；21～24 天为 36.8℃～37℃。野鸭的孵化温度：1～15 天为 37.5℃～38℃；16～25 天为 37.2℃～37.5℃；26～28 天为 37℃～37.2℃。

2. 湿度

禽胚对湿度的适应范围比较宽，如果孵化温度合适，相对湿度有些偏差，对孵化率影响不大。但湿度过大，阻止了蛋内水分蒸发，空气不流畅，则影响胚胎的发育，孵化出的雏禽肚子大，精神差，不易养。湿度过小，则蛋内水分大量蒸发，胚胎和胎膜容易粘在一起，使新陈代谢活动不能正常进行。因此，出雏时加大湿度，使蛋壳的碳酸钙变成碳酸氢钙，蛋壳变脆，有利雏禽破壳。

在孵化过程中对湿度的要求，总的原则是"两头高，中间低"。以孵化野鸡蛋为例，孵化相对湿度为 55% ~75%。野鸡孵化期 1~20 天相对湿度为 60% ~65%；21~24 天后，相对湿度提高到 70% ~75%。野鸭的孵化期 1~15 天相对湿度为 65% ~70%；16~25 天相对湿度可降至 60% ~65%；26~28 天相对湿度提高到 65% ~70%。

3. 通风换气

禽胚在发育过程中需要不断进行气体代谢，吸入氧气，排出二氧化碳，孵化初期胚胎因物质代谢低，对氧气的需要量很少，而到中期，随着胚胎发育，呼吸量逐渐增大，最后两天，胚胎开始用肺呼吸，耗氧量和排出的二氧化碳量也大为增加，因而在孵化中要十分注意通风换气。电孵机只需打开气门，风扇运转正常，一般就不会发生缺氧。如果同批孵化，气温又低，为更好地保持机内温度、湿度，第一周气门只需少量打开，随着日龄增长，可逐渐加大孵化机上的气孔，孵化后期气门应全部打开。温室孵化、摊床孵化时种蛋直接暴露在室内空气中，更应注意室内有新鲜空气，而且要注意掌握好温度与湿度。

4. 翻蛋

母鸡抱蛋时，总是不断地用脚和嘴翻动所抱的蛋。人工孵化也要经常翻蛋，其作用是更换孵蛋的位置，调节温度，使种蛋受热均匀。因此，翻蛋是孵化的外界条件之一。电孵机上一般有自动或手动翻蛋装置，每2～3小时翻蛋1次，转动的角度一般为90°（即前倾45°处，转到后倾45°处）。平箱与摊床孵化，4～6小时翻蛋1次，并把上、下层的蛋、中间和边缘位置的蛋，互相调换位置，使其受热均匀。出雏前3天移入出雏盘后停止翻蛋。

5. 凉蛋

凉蛋应根据孵化时间及季节灵活运用。如孵化设备好，通风良好，孵化温度又合适，可以省去凉蛋。如果孵化室通风不良，气温又高，应多凉蛋。前期凉蛋时间要短，一般5～15分钟，后期可延长到10～20分钟。孵化野鸭种蛋一般需要凉蛋，入孵2周后每天凉蛋一次，待温度降至34℃～35℃时停止凉蛋，并随着胚胎的发育增加凉蛋次数。机孵可关机停止加温，并打开机门让风机运行，通风凉蛋。夏季室温高，孵化后期的胚蛋温度达39℃以上，仅通风凉蛋不能解决问题，应喷水降温，即将25℃～30℃的水喷雾在蛋面上，使表面见露珠即可。

6. 验蛋

孵化期间一般验蛋两次，验蛋的目的，一是查明胚胎发育情况，孵化条件是否完备；二是剔出无精蛋和死精蛋，以免污染空气，影响其他蛋的正常发育。一般野鸡蛋在入孵第八天进行第一次照蛋，主要检出无精蛋和死精蛋。无精蛋：颜色发淡，只能看见卵黄的影子，其余部分透明，旋转孵蛋时可见扁形的蛋黄悠荡飘转，转速快。活胚蛋：可见明显的血管网，气室界限明显，胚胎活动，蛋转动胚胎也随着转动，能看到胚胎着色的眼睛。死胚蛋：可见不规则的血管或几条血绒贴在蛋壳上，形成血圈、血弧、血点或断裂的血管残痕，无放射形的血管。

二照一般在入孵第21～22天落盘时进行，主要检出死胚蛋。死胚蛋的特点是气室界限模糊，胚胎黑团状，有时可见气室和蛋身下部发亮，无血管，或有残余的血丝或死亡的胚胎阴影。三照一般在落盘的同时进行。此时如气室的边缘呈弯曲倾斜状，气室中有黑影闪动，即为活胚蛋。若小头透亮，则为死胚蛋。

7. 落盘

孵化到22天（野鸭种蛋孵化到25天）时，结合照蛋将孵化机内种蛋移至出雏盘或孵化机下部的出雏间，等候出雏。此时，要增加水盘，提高湿度，准备出雏。并要防止在孵化蛋盘上出雏，以免被风扇伤到或落入水盘溺死。

8. 出雏

发育正常时，野鸡孵化23天即开始出雏。此时，要保持机内温度相对稳定，并按一定时间拣雏。野鸡孵化正常时，一般22天末就开始啄壳，个别已开始出壳，23天半全部出壳，24天即清扫出雏器。对那些自行出壳困难的胚蛋可用人工破壳术帮助出壳。人工破壳是从啄壳孔剥离蛋壳1/2左右，把雏的头拉出并放回出雏箱中继续孵化至出雏。

9. 孵化记录

一般记录孵化中的温度、湿度、换气及翻蛋情况，记录照蛋情况及出壳时间、健康状况等，计算受精率和孵化率等孵化生产成绩。

受精率 = 入孵蛋数 − 无精蛋数/入孵蛋数 × 100%

受精蛋孵化率 = 出雏数/受精蛋数 × 100%

入孵蛋孵化率 = 出雏数/入孵蛋数 × 100%

10. 清扫与消毒

为保持孵化器的清洁卫生，必须在每次出雏结束后，对孵化室进行彻底清扫和消毒，在消毒前，先将孵化用具浸润，用刷子除掉脏物，再用消毒液消毒，最后用清水洗干净，沥干后备用。孵化器的消毒，可用3%来苏儿溶液喷洒或甲醛法消毒。

11. 胚胎死亡原因的分析

胚胎死亡的原因很多，有先天性、营养性、中毒性、病理性等，以野鸡胚胎死亡原因分析为例：

（1）胚胎前期死亡：指 1～7 天死亡的胚胎。主要原因是：①种野鸡的营养水平及健康状况不良，日粮中缺乏维生素 A、维生素 D。②种蛋保存不当，感染了细菌。③长途运输中受到高温或剧烈震动。④贮存期超过 14 天等。⑤孵化期间未能及时翻蛋，孵化温度过高或过低。

（2）胚胎中期死亡：指 18 天左右死亡的胚胎。主要原因是：①种野鸡日粮中缺乏维生素 B_2、维生素 D_3。②脏蛋未消毒，孵化温度过高、通风不良等孵化条件不适宜。

（3）胚胎后期死亡：指 22～24 天死亡的胚胎。主要原因是：①通风不良，缺氧闷死，软骨畸形。②如胚胎体表充血，则表明受到高温的影响。③小头大嘴，则说明通风换气不良，气室小或温度过高。

（4）出壳时死亡：未啄壳或已啄壳，但未出壳而死亡。主要原因是：①种蛋缺钙，种蛋落盘过迟，出雏器内湿度过低。②喙部畸形。③高温和湿度过大，造成窒息或黏毛而死亡。④胎位不正，出壳困难等。

12. 提高孵化率的措施

（1）遗传方面：要求在选育中严格按选种标准，根据记录成绩选留孵化率高的种野鸡（野鸭），并采用多性状选择法中的顺序选择法和独立淘汰法，培育孵化率高的优良家系、品系或品种。

（2）环境方面：孵化前贮蛋温度保持在10℃～14℃，相对湿度应从以前的70%～75%提高到100%，只有这样才能减少蛋内水分丧失及营养消耗而提高孵化率。目前，日本等养雉较先进的国家均采用此标准保存种蛋，这就要求贮蛋库必须安装有自动控温的设备。

入孵前要求在18℃～22℃孵化室内预热6～18小时，而现场生产往往忽视这一环节。要合理掌握整批变温孵化和分批恒温孵化的温度、湿度。在保证温度、湿度的情况下，通风越畅越好，尽可能降低孵化器内二氧化碳的含量。保证孵化时孵化器与室温差在15℃左右，以利孵化器从通风孔换气。凉蛋可视孵化器性能及情况合理进行。定期进行照检和孵化效果分析，以便根据检查分析结果及时调整孵化条件。在出雏期，适时施行人工破壳术可以提高孵化率。

第三节　孵化方法

孵化方法分为天然孵化和人工孵化两种。利用母鸡的抱性抱蛋，称为天然孵化，这种方法虽然简单，但孵化量小，季节限制大，仅适于农村家庭养殖，不适合规模生产。因而在此重点介绍人工孵化，自然孵化只作一般介绍。

一、人工孵化

1. 电机孵化法

电机孵化是人工孵化的一种，也是比较先进的孵化方法，孵化机采用自动控温、控湿，翻蛋实现了机械化，操作简便，生产效率高，孵化效果好。目前养殖场、孵化场及较大规模的专业户都采用电机孵化。

（1）孵化机：一般为立体式，孵量大小不一，以8400枚、1.68万枚、1.92万枚箱式电孵机较多。也有采用容量为90720枚的巷道式孵化机。箱式孵化机外形似一只大衣柜，为拼装式，外壳由保温性能好的材料制成，箱中间为主机，由风扇、加热管、控制板面组成，主机两侧可平行放置4台蛋架车，蛋架车上放置蛋盘，翻蛋设施控制蛋架车，进行定时翻蛋，主机底部有加湿装置，温度、湿度、翻蛋都有电脑操作，使用十分方便。

（2）操作：在孵化前必须对机器各个部分进行仔细检查，机械传动部分应该检修保养，电器部分检查有无断路、短路现象，电机是否运转正常，电脑显示温度与门表是否一致。入孵前2天应进行试机，校正温湿表，空机测试24小时，检查机箱内上、中、下各个方位温差情况，以便掌握第一手资料。孵化期间日常管理工作只需记录每小时温度、湿度变化情况，早、晚各加水1次。野鸡蛋孵化至第22天（野鸭26天）应停止翻蛋，将胚蛋从孵化盘移到出雏盘内，让其在出雏盘内破壳出雏，将出雏温度调到37.0℃。此项过程称落盘。出雏期间不宜多次打开机门，一般待70%出壳雏鸡毛干时进行拣雏。

（3）孵化管理：孵化期间，工作人员要做好各项记录统计工作，包括入孵批次、日期、入孵蛋数、照蛋日期及无精蛋、死胚蛋数，计算种蛋受精率、死胚率等情况。出雏时应将健雏、弱雏、毛蛋分别清点并做好统计，以便分析生产情况，及时进行调整影响孵化效果的各项因素。

2. 炒谷孵化法

炒谷孵化法又称桶孵化，这种孵化方法设备简单，成本低。炒谷孵化的主要设备是木桶、网袋、孵谷、摊床及炉灶。木桶是炒谷孵化的主要设备，通常高70～80厘米，直径60厘米，每桶可孵化1500～1800枚蛋。桶内糊皮纸数层以利保温。其次是网袋，网袋是用来装蛋的，多用小麻线编织而成，每袋约装蛋60枚。炒谷是桶孵化的主要热源，每桶约20千克，普通谷子放在锅内炒热即成。摊床是蛋孵至后期，出雏时用。摊床可分为一层或两层，上、下层距离约70厘米，下层离地面60厘米，摊床面积大小主要决定于孵化量及房子面积大小，通常每平方米面积可容纳种蛋400枚左右。

操作方法：首先是选好种蛋，气温低时入孵前进行预热（在阳光下或室温里），孵房地面撒石灰一层以消毒，铺上热草，将预先准备好的孵桶放在上面，桶内先放3～5厘米厚的糠壳，再盖上皮纸。取4.5千克炒热的谷子（温度约40℃）放入桶内，然后一层种蛋一层炒谷，依次码到距桶口10厘米处，上面再放些热谷，盖上桶盖。

种蛋入孵后，每天翻蛋3～4次。翻蛋时要预先备好一空桶，将原在上层的翻到新桶的下层，下层的调换至上层，中间的转入边上，使种蛋受热均匀。每装一层蛋即盖上一层炒热的稻谷，翻好后依旧加上桶盖。当孵化进入19～22天

（野鸭24～26 天）时可转入摊床。

　　炒谷孵化的关键在于掌握炒谷的温度，刚入孵时炒谷温度应在 40℃左右，孵化到第 5～6 天，炒谷温度可下降至 37.5℃。并结合验蛋做到看胚施温，灵活掌握，孵房内温度应保持在 20℃左右。如果是连续孵化，可利用随胚龄增长，胚蛋本身可产热的特点，以后各期初入孵的新蛋，可以不用炒谷，称作"蛋抱蛋"。

　　3. 平箱孵化法

　　平箱孵化法是在我国传统的缸孵化法基础上改进的。此法既保留了缸孵化构造简单的优点，又吸取了电孵化机中翻蛋结构的优点，劳动强度轻，操作方便，可以减少蛋的破损，温度较易控制，规模可大可小，较适合农村养鸡户采用。

　　平箱的建造：外壳可用砖砌或用木料、厚纸板、纤维板等制成，外形像一个长方形的大箱子。箱内有可转动的蛋架，一般分成 7 层，每层相距 13 厘米。一个高 1.6 米、长和宽各 1 米的平箱可孵蛋 1200 枚。通常在蛋架上面的 6 层各放置一个用竹篾编成的蛋筛，筛子成圆形，直径 80 厘米左右，边缘高 8 厘米。在蛋架最底层放一空蛋筛起缓冲温度作用，防止下层的蛋过热，此筛也可供翻蛋调盘用。箱体底层为热源，通常砌成圆形灶膛，灶膛上盖一块厚铁板，铁板上撒一层约 2 厘米厚的细沙，一般可用炭火盆、藕煤炉加热。有条件的也可用电热丝或热水箱为热源。

　　种蛋入孵前，先箱内消毒，然后加热升温，达到正常孵化温度后上蛋。种蛋平放在上面 6 层筛内，每天定时翻蛋 4 次，蛋筛中间的蛋和边缘的蛋互换位置，上下各层筛互换位置，以便受热均匀。蛋孵化至15天后转入摊床孵化，仍要注意摊床的蛋温，边蛋与中心蛋调换位置，每天2~3次，并以加盖保温或减少保温物来调节温度。

4. 温室孵化法

温室孵化法是在保温良好的房屋里安置活动蛋架翻蛋、由火道供给热源进行孵化的一种方法，其孵化数量多，可在电源缺乏的地方采用。

设备和用具：孵化的主要设备和用具有温室、炉灶火道、蛋架和摊床，还有盛蛋的箩筐、装蛋用的网袋和测温度、湿度用的干湿温度计等。

温室可利用普通房间加以改造而成，要求房间地势高、干燥，保温性能良好，通风换气方便，其大小可根据生产规模而定。一间长5米、宽3.5米、高3米的温室一次可入孵种蛋1万枚以上。温室要设置双门窗，备有棉布或棉毯做的门帘，以利保温。温室的顶部要有通气孔，并装有活动门，以便调节温度。

炉灶是温室热源的主要部分，通过火道传热至温室进行孵化。炉灶一般安装在温室外。炉膛比火道低20~30厘米深，可用普通砖块或耐火砖砌成，火道可利用瓦管或铁管或砖砌成，要密封、不漏烟火。火道砌在温室的四周，靠近灶端的火道要埋入地下15~20厘米深，然后以3%的倾斜率逐渐向烟囱方向升高，直接与烟囱连接。在火道入口和烟囱出口处，装设活动的铁插板，用以控制火的大小来调节室内温度。

蛋架大多采用木制的活动架，也有的采用半活动蛋架。蛋架安装在温室的中间，四周距离墙80~100厘米留作工作道。蛋架高一般为140~160厘米，分6~8层，每层相距15~20厘米，最底层离地面25~30厘米，上层离顶棚40~50厘米，每层都设能盛放蛋盘的木框。蛋盘套在木框内，各层木框的中点用铁插销为轴心支在木架上，使蛋盘能左右两边倾斜，倾斜角度一般为45度，通过蛋架的倾斜，可达到半自动翻蛋的目的，蛋盘一般用木框架穿铁丝制成。

摊床是孵化后期的一种木制架子，一般分上下两层，下层离地面60厘米，上层离下层70厘米，床宽约150厘米，下层比上层宽13厘米左右，以便踏脚至上操作。摊床长度可根据房间长度而定，通常每平方米摊床面积可容纳种蛋400枚。

（1）孵化的操作方法：种蛋入孵前，炉灶生火将火道及温室加热，使室温升到39℃~40℃，并检查各层蛋架温度差异，待室温保持在39℃后，即可上蛋入孵。温室加温时，打开通气窗让室温内的水分蒸发。

（2）温度管理：在种蛋孵化过程中，温度的调节主要通过烧火的大小和时间的长短，一般采用干煤烧火，湿煤压火，开关炉门、阀门和通气窗来完成。测温的孵化温度计侧放在蛋盘的蛋面上，每小时观察一次温度。温度低时徐徐升火，门窗不要经常打开，并挂好门帘；温度高时，先推开通气窗，再控制火变小，要注意的是蛋架上层的温度通常高于下层的温度，靠近火炉一端蛋架的温度通常高于远离火道的温度，要通过翻蛋调盘来调节温度的平衡。

（3）湿度管理：按照孵化对湿度的要求，如湿度过高，在晴天可将室温的温度升高0.5℃，然后打开通气窗，还可以在温室内放置干石灰或者干煤灰吸湿，湿度低时，可将水盆或温水（40℃左右）放在温室的大道上，或者在温室内直接喷洒温水。种蛋入孵后，每隔4～6小时通过活动蛋架的左右倾斜进行翻蛋一次。在温室孵化过程中，凉蛋换气一般结合开通气窗、换火添煤进行，使蛋温渐渐下降1℃左右，但切忌让空气直吹而使温度骤降。种蛋孵化至7～10天每天凉蛋一次，11～20天凉蛋两次，21天后可不再凉蛋。在胚胎产生自温后，上摊床进行孵化，直至出雏。

（4）嘌蛋与出雏

嘌蛋是将接近出雏期的胚蛋从孵化场运送到另一个地方出雏。因为运送初生雏禽，若是炎热的夏天，路途远，途中管理很不方便，易遭损失。嘌蛋可克服这些困难，特别对交通不便的山区更具实际意义。嘌蛋要在上孵10天以后进行。运输起程时间主要依据在路上所需的天数确定，以便在临近出雏前刚好到达目的地。在运输过程中要加强管理，防止震动、打破，保持合适的温度，天气冷时，嘌蛋主要是注意保温。蛋篓内要垫一层稻草，上盖棉被。蛋篓应该放在避风的地方，路上要勤检查，上下蛋篓位置要互相调换。要定时翻蛋，边蛋与中心蛋互相对换位置，热天气温超过30℃时，蛋篓不要垫草，一般用单被或毛毯覆盖。如途中遇上高温，要多翻蛋，增加调篓次数，以利降温。

蛋运到目的地后，即刻进行照蛋，除去死胚蛋，然后上摊出雏。也可在路上陆续出雏，到目的地后基本出完。

5. 电热毯热水床孵鸭

（1）孵床的制作：选择坑或做床架，床架上铺放保温层，保温层的上面依次为长方形木制蛋框、电热毯和热水袋，蛋框高18厘米左右，长、宽视实际情况而定，蛋框所有面用纸糊上。电热毯放在蛋框中间紧贴保温层。保温层可选用谷壳、稻草、泡沫板、棉被等保暖物，按孵床的大小，选择正规厂家生产的双人或单人电热毯。框内及电热毯上用纸铺上，利于检查是否漏水。热水袋用两幅塑料薄膜制成，先将第一幅塑料放在蛋框内，塑料四边搭放在木框上；第二幅塑料比第一幅稍小，重叠于第一幅上，然后用木条和钉子将搭放在木框上的塑料钉上，在操作方便的一边留30厘米长的注水口。放上床单，种蛋放在床单上，盖一床棉被，即可准备孵化。

（2）孵化操作：①入孵前的准备工作：入孵前1~2天，对孵化室进行彻底消毒，同时进行孵化室的预热升温。入孵前1~2小时，将兑好的45℃热水注入孵化床的水袋内，注水深约10厘米，打开电热毯开关。②种蛋消毒、预热、上孵：野鸭种蛋一般污染重，需要洗干净，稍沥干即可摆放孵床上，将校正好的温度计插入蛋的下面，盖上棉被，即可进行孵化。③温度调节：孵化室温度第1~5天要求稍高，为30℃~35℃，第6~28天25℃~30℃，孵化温度第1~2天为41℃，第3天40℃，第4天39℃，第5~12天38.5℃，第12~28天38℃。第1~4天温度的调节，一方面尽量提高室温，另一方面通过更换热水使孵化达到需要的温度。1周后的温度调节即可通过开闭电热毯开关来控制。④照蛋：孵化过程中一般照蛋2次，第一次在入孵5~6天后，第二次在第23~24天，若胚胎发育正常，第二次可以免照。⑤翻蛋凉蛋：第1~5天，每天翻蛋8次，第6~20天每天翻蛋6次，第21天至啄蛋，每天翻蛋4次。野鸭蛋孵化到17天，根据蛋温适当凉蛋，从21天开始，撤掉棉被，换上毯子，每天凉蛋1~

2 次，每次 10～20 分钟。⑥湿度：湿度可采取地面洒水来调节。室内湿度保持在60%～70%，入孵21天后，在翻蛋时用喷雾器在蛋面上适当喷洒少量温水，增加孵床内湿度，以利出雏。

二、自然孵化

此法为小规模饲养者常采用的方法，即用抱窝母鸡代孵。

1. 母鸡孵化的利弊

利用母鸡代孵的好处是：①能省去用电孵化所必需的调节温度、湿度等工序，节省劳动力。②母鸡母性一般较强，不必担心孵化失败。③适合于小规模养殖或纯系繁殖。④是孵化贵重蛋或产蛋初期蛋量少时最佳的孵化方法。其弊端是：①倘若出现抱窝母鸡不足时，会使种蛋贮藏时间延长，导致孵化率低下。②抱窝母鸡容易成为被孵出雏的传染源。

2. 代孵母鸡的种类及特点

（1）乌骨鸡：原产我国江西泰和县，颜色不一，目前较常见的为白羽乌骨鸡。体重 1 千克左右，抱性极强，一般每产8～10 枚蛋即出现抱性。每只母鸡可抱蛋数为 10～15 枚。

（2）地产家鸡：品种杂，体形比乌骨鸡大，每只母鸡可孵 12～20 枚蛋，但由于体形大，易使种蛋破损。

3. 母鸡代孵的注意事项

（1）母鸡饲料要求容易消化，每天给水给料 1 次，粒料应用水泡软喂给。

（2）动物性饲料少给或不给，因为动物性蛋白质饲料的补给会诱发产蛋而失去抱性。青饲料也应该少给。

（3）有些抱窝鸡 2~3 天不离巢，也有的离巢后即使蛋凉了也不回巢，还有的不返回自己的巢却进入其他巢，甚至有两只母鸡同孵一窝蛋的现象。因此，要注意抱窝母鸡的离巢与保温，每天一次的给水给料时间要控制在 15~20 分钟，母鸡采食、沙浴和排粪后，马上抓入各自孵化箱中。当雏鸡开始啄壳时（22~23 天），终止给水给料。

（4）每天喂食时要检查巢箱，观察垫草污染状况，有无寄生虫，湿度适当与否等，对污损蛋要用 35℃湿软布擦拭后放回原巢。

（5）对孵化 3~4 天的抱蛋母鸡，应尽量缩短其离巢时间，此期需要较高湿度。因此，可采用底板能活动的巢箱，在巢箱底层铺一层拌水木屑，以提高湿度。出壳时，一般在 10 小时内自动出齐，养殖者切忌用手剥离。

4. 母鸡连坐法

所谓母鸡连坐法，就是使已经孵化完一次的抱蛋母鸡再孵化新蛋的方法，此法多在抱蛋鸡不足的情况下采用。采用连坐法时，要观察母鸡的健康状况、恋巢性等，确定其有充分精力和能力时才能利用。从第一轮孵化开始出雏时就及时把出壳的雏鸡取出人工育雏，至孵化完毕，母鸡一天内仍不离巢，可在夜间将新蛋移入。

第三章 野鸡、野鸭的饲料与营养需要

第一节 野鸡、野鸭的营养需要与饲养标准

营养需要与饲养标准是日粮配合的理论依据。科学配制日粮是降低生产成本的主要环节。

一、饲料中的营养物质及其功能

饲料中的营养物质对野鸡（野鸭）的繁殖力、产肉力和抗病力等都有密切的关系。日粮中的营养不足或营养比例不当，将给生产带来严重影响。饲料中所含营养物质包括：能量、蛋白质、13 种维生素、13 种必需氨基酸、12 种易感缺乏的矿物质和微量元素。

1. 能量

饲料中的能量是动物一切生理活动过程，包括运动、呼吸、循环、消化吸收、排泄、神经活动、生长繁殖、调节体温等所需能量的源泉，也是生产脂肪的原料，野鸡（野鸭）能把饲料中超出需要的能量转化为脂肪贮存在体内，主要贮存在腹腔和皮下。

饲料中的有机物质——碳水化合物、脂肪和蛋白质都含有能量。动物饲料中能量主要来源于碳水化合物，包括淀粉、糖和纤维，其中淀粉是最大的能量来源。脂肪的热能价

值高，其发热量为碳水化合物的2.25倍。

日粮中的能量水平以代谢能衡量，用每千克饲料中所含代谢能的兆焦（兆焦/千克）表示。

2. 蛋白质

组成蛋白质的基础物质是氨基酸。目前已知的氨基酸有20多种，氨基酸分为两大类。①必需氨基酸，是维持动物正常生命功能、生长、繁殖所必要的，而又不能由体内合成的氨基酸。②非必需氨基酸，是动物机体需要较少或可由体内合成的，不一定依靠饲料来供给的氨基酸。蛋白质的营养价值主要取决于必需氨基酸的种类、含量和比例是否适当。必需氨基酸中的蛋氨酸、赖氨酸、色氨酸等在饲料中的含量较少，日粮中如这类氨基酸不足或比例不当时，其他氨基酸的利用就会受到限制，故称它们为限制性氨基酸。

（1）蛋白质的主要功能：①组成动物体所有肌肉、神经系统、内脏骨髓、皮肤、羽毛、激素和酶等的原料。②在新陈代谢中，用以修补或补偿衰老和被破坏了的细胞。③是生产野鸡（野鸭）蛋、肉等产品的主要原料。

（2）蛋白质不足和过量的后果：①野鸡（野鸭）体内蛋白质代谢变为负平衡，体重减轻、产蛋量及生长率均下降。②影响繁殖，野公鸡（鸭）精子数下降，品质降低，受精率和孵化率下降。③蛋白质过量，不但造成浪费，而且长期饲喂过量，引起动物代谢紊乱，引起蛋白质中毒。

各种饲料中必需氨基酸的含量具有不同的特点，植物性饲料中所含必需氨基酸的数量与比例常常不能满足禽体需要，因而在配合日粮时，饲料种类要多一些，以便于各种氨基酸的互补作用。动物性蛋白质中各种必需氨基酸的含量和比例较接近禽体的需要。

在考虑能量与蛋白质的需要时，还要注意它们两者之间的相互关系，这种关系以能量蛋白比表示。这个比率也是配制日粮的一个重要指标。

3. 矿物质

在禽类体内矿物质种类很多。以鸡为例，新鲜的骨骼中一般含水分45%，灰分25%，蛋白质20%，脂肪10%。所含灰分中，钙占36%，磷占17%，锰占0.8%。通常根据矿物质在有机体内的含量分为常量元素（含量占体重0.01%以上），如钙、磷、钠、氯、钾、硫，以及微量元素（含量占体重的0.01%以下），如铁、铜、钴、碘、锰、锌、硒等两大类。

矿物质在动物体内不产生热能，但它参与机体内各种生命活动，其功能是调节血液和其他体液的酸碱度以及渗透压；调节神经、肌肉的活动；组成骨骼和蛋壳的成分；矿物质也是某些维生素的组成原料之一。所以矿物质是维持鸡体健康和正常生长、繁殖、产蛋所不可缺少的营养物质。

（1）主要矿物质的功能与缺乏症状

①钠与氯

钠与氯的主要功能是参与消化液的组成；调节鸡体内各种体液的渗透压；调节鸡体内的酸碱平衡；维持肌肉、神经的正常活动。

钠与氯缺乏时，鸡表现为生长缓慢、消化不良、食欲减退、体重减轻、产蛋率下降。

②钙

钙的主要功能是作为骨骼和蛋壳的主要组成部分，促进羽毛生长和提高产蛋率；调节神经、肌肉的正常活动，平衡体内的酸碱度。

钙缺乏时，能引起佝偻病，病雏瘫脚或胸骨变形，产蛋鸡产蛋量下降，蛋壳变薄或产软壳蛋，易骨折。

③磷

磷的主要功能是组成骨骼及羽毛，鸡体内80%的磷存在于骨骼和羽毛中。磷也是组成蛋白和蛋壳的原料，能调节肌腱活动，在新陈代谢过程中参与多种酶的活动。

磷缺乏时，影响钙的吸收，鸡出现软骨、弯腿等症状。磷和钙相互关系很密切，并应保持一定的比例关系，两者中任何一种的过多或不足，都会影响骨骼的生长，使蛋壳品质下降。

钙磷的合适比例：雏鸡为1.2:1，其允许范围是（1.1~1.5):1；产蛋鸡为（5~7):1。

鸡对植物性饲料中的磷（有机磷）利用率较低，其利用率大致为雏鸡30%，产蛋鸡50%，日粮中应补充无机磷，如骨粉、磷酸钙、磷酸氢钙等。

④钾

钾是维持鸡体内酸碱平衡，保证体液正常流通的重要因素之一。钾对调节神经、肌肉的正常活动起积极的作用。

钾缺乏时，使肌肉的弹性和收缩能力降低。

⑤硫

硫在鸡体内主要以有机形式存在于蛋氨酸、胱氨酸和半胱氨酸等含硫氨基酸中，也是硫胺素、生物素和胰岛素的成分。硫在体内主要通过含硫的有机物起作用，而不是无机成分。如通过含硫氨基酸合成体蛋白和多种激素。羽毛中含有多量的硫。如果日粮中缺乏含硫氨基酸，会影响产蛋量，使蛋变小，长羽及其他生理机能也会受到影响。

（2）微量元素的主要功能与缺乏症

①镁

镁是鸡需要的微量元素之一。大部分存在于骨骼中，有促进骨骼生长的作用。在鸡体内参与酶的活动，提高碳水化合物的代谢。

镁缺乏时，表现为生长发育迟缓，骨骼生长不良，出现神经性震颤，呼吸困难，母鸡产蛋率下降。

②铁

铁是制造红细胞时不可缺少的原料。缺铁时鸡发生贫血，红羽毛鸡则羽毛色素丧失。一般饲料中含铁量不足，必须另外补加。

③铜

铜能提高铁的吸收率，参与合成和活化多种酶的活动。

铜缺乏时，铁的吸收率降低，出现与缺铁相同的贫血症状，羽毛不正常、松乱粗糙而无光泽。

④钴

钴在鸡体内是合成维生素 B_{12} 的重要原料。钴的用量很少而作用很大，是鸡维持正常生长、繁殖和健康所必需的营养。

钴缺乏时，表现为生长迟缓、贫血、骨粗短症、弯趾和关节肿大。

⑤锰

锰能调节酸的活动，促进卵泡生成，对蛋的形成有很大作用，并参与肌肉、神经活动的调节。钙磷比例合适时，可提高锰的吸收量。

锰缺乏时，表现为骨骼发育不良，患屈腱症，运动失调，关节肿大。鸡因不能行走、采食、饮水，逐渐消瘦死亡。

⑥锌

锌的功用主要是帮助锰、铜的吸收，加速鸡体和羽毛的生长，并有助于被损坏的皮肤与肌肉的愈合；能防治皮肤病。

锌缺乏时，表现为生长缓慢，羽毛生长不良，关节肿大，行动困难，胫部鳞片脱落。

⑦碘

碘是合成甲状腺素的原料，对调节代谢机能和体内的氧化过程有重要作用。

碘缺乏时，导致甲状腺肿大，代谢机能降低，生长受阻。天然饲料中含碘量不足，应另外补给。

⑧硒

硒有助于维生素 E 的吸收，维生素 E 吸收好，则种蛋的受精率、孵化率高，孵出的雏鸡也健康。硒还有防止鸡体内脂肪发生氧化的功能。

硒缺乏时，表现的主要症状是渗出性素质，体液从皮肤下渗出，与维生素 E 缺乏时的症状相似。

4. 维生素

维生素可分为两大类，一类是溶于油脂的称为脂溶性维生素，另一类是溶于水的称为水溶性维生素。禽对维生素的需要量甚少，但它们在机体内物质代谢中却起着重要作用。

鸡必须从日粮中摄取的维生素有 13 种，其中脂溶性的有维生素 A、维生素 D、维生素 E、维生素 K 四种，鸡体内可少量合成维生素 A、维生素 D。水溶性的有维生素 B_1、维生素 B_2、烟酸、吡哆醇、泛酸、生物素、胆碱、叶酸和维生素 B_{12} 九种。其中最易缺乏的是维生素 A、维生素 B_2、维生素 D_3，而维生素 B_1 和吡哆醇在饲料中含量丰富，无需特别添加，维生素 C 在禽体内可以合成，只有高温逆境时有补充的必要。

许多维生素存在于青饲料中，不喂添加剂的养禽场保证青料的供应是绝对必要的。如饲料以玉米为主，则应适当搭配麦类和糠麸类。

维生素的主要功能与缺乏症：

（1）维生素 A

维生素 A 能维持眼睛的健康和视力，促进骨骼的生长，提高种鸡的繁殖力。

维生素 A 缺乏时，鸡出现流眼泪，眼睛发红，严重时流出黄色液体，甚至失去视力；鸡生长缓慢，产蛋量及受精率下降，胚胎死亡率高，孵化率低。

（2）维生素 D

维生素 D 能促进钙磷吸收和促进骨骼的形成。维生素 D 缺乏时，鸡的生长发育缓慢，羽毛生长不良，蛋壳变薄或产软壳蛋，孵化率下降。严重缺乏时鸡腿弯曲，关节肿大，脚软而致不能站立。

（3）维生素 E

维生素 E 能促使睾丸发育、精液量增加，还能防止饲料中的营养物质氧化。

维生素 E 缺乏时鸡群出现产蛋率、受精率下降；胚胎死亡率高、孵化率低；雏鸡发生肌肉营养不良与渗出性素质、脑质软化。

（4）维生素K

维生素K能增加血液的凝固性，能治疗鸡某些原因不明的贫血症。

维生素K缺乏时，鸡容易发生肌肉或内脏出血，或出现贫血症状。

（5）维生素B_1（硫胺素）

维生素B_1是许多细胞内酶的辅酶，参与碳水化合物的正常代谢。

维生素B_1缺乏时，发生神经炎，雏鸡出现头向后仰的神经症状；羽毛蓬乱、食欲减退、生长缓慢、软腿。

（6）维生素B_2（核黄素）

维生素B_2是鸡体内正常能量转换过程中所必需的辅酶，与蛋白质、脂肪和碳水化合物的代谢有密切的关系。

维生素B_2缺乏时，鸡表现生长缓慢、易发生皮肤病；脚软，不能站立，用踝部行走；胚胎发育畸形，足趾卷曲；鸡胚及初生雏绒毛短而卷曲；死胚增多，孵化率低。

（7）烟酸（维生素PP、尼克酸）

烟酸在鸡体内是酸和辅酶的组成部分，它参与体内细胞的呼吸和代谢，协助机体组织的脱氢和氧化作用，还有助于体内色氨酸的合成。

烟酸缺乏时，发生黑舌病，是烟酸缺乏的特征症状。雏鸡表现为口腔和食管上部有深红色的炎症，羽毛粗乱、生长慢。成鸡则表现为羽毛脱落，产蛋量和孵化率下降。

（8）维生素B_6（吡哆醇）

维生素 B_6 在色氨酸转变为烟酸和脂肪酸的过程中起重要作用，它参与脂肪和碳水化合物的代谢。

维生素 B_6 缺乏时，鸡群产蛋量和孵化率下降；鸡表现为软脚不能站立，营养不良、贫血、生长缓慢。

（9）泛酸（维生素 B_3）

泛酸是辅酶 A 的组成部分，与脂肪和胆固醇的合成有关。能维持体内各种消化酶的活动，以增强对糖类、蛋白质的消化吸收作用。

泛酸缺乏时，雏鸡表现生长受阻、发生皮炎、羽毛粗乱、消化力下降、逐渐消瘦、死亡率高、孵化率下降。

（10）生物素（维生素 H）

生物素是体内中间代谢中催化羧化反应多种酶的辅酶，能把体内所有酶排出的二氧化碳转换为氧，再供酶使用。

生物素缺乏时，鸡发生皮肤病，主要表现为皮肤上出现一粒粒发红的小红疹，甚至逐渐腐烂；鸡在非换羽期发生换羽；脚软无力，严重时骨骼变形；胚胎死亡率相当高。

（11）胆碱

胆碱能增强脂肪代谢作用，帮助细胞的修补与更新。在肝的脂肪代谢中能防止脂肪积累所形成的脂肪肝。喂高能日粮，一定要补充胆碱。

胆碱缺乏时，肝脏轻度肿大；运动神经失调，失去平衡；关节肿大，不能正常行走或站立；产蛋量和孵化率下降。

（12）叶酸（维生素 B_{11}）

叶酸与维生素 B_{12} 共同参与核酸的代谢和核蛋白的形成。

叶酸缺乏时，雏鸡生长缓慢，羽毛生长稀疏；血细胞生长速度变慢而造成贫血；有色羽鸡羽毛脱色。

（13）维生素 B_{12}

维生素 B_{12} 在体内参与核酸的合成，与叶酸的功能密切相关。

在血液形成过程中维生素 B_{12}、叶酸和维生素 C 都具有重要作用。维生素 B_{12} 参与蛋白质、脂肪和碳水化合物的代谢，能提高鸡体对植物性蛋白质的利用率。

维生素 B_{12} 缺乏时，鸡生长缓慢、贫血、死亡率高；运动失调，腿关节肿大，影响站立与行走；产蛋量和孵化率均降低。

（14）维生素 C（抗坏血酸）

维生素 C 参与体内的一系列代谢过程，能刺激肾上腺皮质激素的合成；促使肠道内铁的吸收；有解毒作用和抗氧化作用。

维生素 C 缺乏时，外表看不出明显症状，只有少数鸡生长稍受影响。

在一般情况下，鸡体内能合成维生素 C，只是在处于逆境下，维生素 C 的合成量减少，需要适当补充。如在高温下，每千克日粮加 50～200 毫克的维生素 C，有助于提高鸡群抗高温的能力。

5. 水

雏禽身体含水分约 70%，成年禽为 50%，蛋含水 70%。水在养分的消化吸收、代谢物的排泄、血液循环和调节体温上均起重要作用。

饮水不足则饲料的消化吸收不良，血液浓稠，体温上升。气温高时饮水量增多，产蛋高时饮水量多，笼养野鸡比平养野鸡饮水量多，限制饲养饮水量也增多。一般情况下成年野鸡的饮水量是采食量的 1.6~2 倍，雏野鸡的比例则大一些。

二、野鸡、野鸭的饲养标准

1. 饲养标准的含义

在野鸡、野鸭的养殖生产中，做到既不浪费饲料，又能充分发挥野鸡（野鸭）的生产能力，各国都制订有自己的野鸡（野鸭）的饲养标准。所谓饲养标准，就是通过总结生产实践的经验，结合科学试验，根据野鸡（野鸭）的营养需要科学地规定野鸡（野鸭）在不同体重、不同生理状态和不同生产水平条件下，每只每天应给予的能量及各种营养物质的大致数量，这种规定的标准就称为饲养标准。饲养标准的指标及数值大都体现在一定形式的表格或所给出的模式计算方法中。饲养标准是动物营养需要研究应用于动物饲养实践的最权威的表述，反映了动物生存和生产对饲料及营养物质的客观要求，高度概括和总结了营养研究和生产实践的最新进展，具有很强的科学性和广泛的指导意义。它是动物生产计划中，组织饲料、设计饲料配方、生产平衡日粮和对动物实行标准化饲养的技术指南和科学依据。目前世界各国对动物饲养标准的制定大多是按最低需要量标出的定量数据。

饲养标准中规定日粮中的能量、蛋白质、矿物质和维生素的需要量以每千克饲料的代谢能含量或百分比表示。因为代谢能容易测定，受鸡的品种、年龄、营养水平和生产性能等因素影响小。

蛋白质的需要量，以粗蛋白质的百分数表示，同时标出各种氨基酸需要量，以便配合日粮时取得氨基酸的平衡。矿物质和维生素的需要是按最低需要量制定的。维生素需要量甚微，但过量也没有问题，一般不会发生中毒，而微量元素的添加须特别小心，有的相当少量就会发生中毒，如硒、钼等。实际应用时，维生素可把标准中的数字作添加量，把饲料中含量作为安全量，微量元素应根据情况酌定，一般微量元素添加量最好不要超过饲养标准中规定的含量。

2. 饲养标准的应用

饲养标准并不是固定不变的，它随着饲养标准制定条件以外的因素而改变。饲养标准并不能保证饲养者能够合理地养好所有动物，因为实际生产中影响饲养和营养需要的因素很多，而饲养标准是一个普遍性的指导原则，不可能将所有影响因素都考虑在内。如同品种动物之间的个体差异、不同饲料的物理特性和适口性、不同的饲养环境条件，以及市场、经济形势的变化等。因此采用饲养标准拟定饲养日粮，设计饲料配方和制定饲养计划时，要充分考虑饲养标准的条件性和局限性，并按实际的生产水平、饲料种类、饲养条件等对饲养标准的数值进行适当调整，拟出较符合实际的较理想的饲料配方，以求在经济上取得更多的效益。

饲养标准制定出来颁布施行后，并不是一成不变的，需要随着科学的发展，生产经验的进一步积累，定期修订，补充新内容，使饲养标准更趋于完善，更好地起到指导生产的作用。

3. 野鸡、野鸭的饲养标准

目前我国对野鸡和野鸭的营养研究较少，在饲养标准上尚无统一标准，在生产中，主要参考家鸡、家鸭的饲养标准。

（1）野鸡的饲养标准

近年来，野鸡经人工驯养已逐步向集约化饲养方向发展。人们对野鸡实际营养需要也已加以研究，并结合野鸡在野生状态时形成的习惯和特点，制定一些建议性标准。但由于各地区和各单位饲养阶段划分也不统一，因此所介绍的饲养标准仅供参考。

表3-1　我国野鸡各饲养阶段营养需要参考表　（%）

营养素	育雏期 （0~4周）	肥育前期 （4~12周）	肥育后期 （12周至出售）	种野鸡休产期 或后备种雉	种野鸡 产蛋期
代谢能 （KJ/kg）	12134~ 12552	12552	12552	12134~ 12552	12134
粗蛋白	26~27	22	16	17	22
赖氨酸	1.45	1.05	0.75	0.80	0.80
蛋氨酸	0.60	0.50	0.30	0.35	0.35
蛋氨酸+ 胱氨酸	1.05	0.90	0.72	0.65	0.65
亚油酸	1.0	1.0	1.0	1.0	1.0
钙	1.3	1.0	1.0	1.0	2.5
磷	0.90	0.70	0.70	0.70	1.0
钠	0.15	0.15	0.15	0.15	0.15
氯	0.11	0.11	0.11	0.11	0.11
碘	0.30	0.30	0.30	0.30	0.30
锌（mg/kg）	62	62	62	62	62
锰（mg/kg）	95	95	95	70	70
维生素A （ICU/kg）	15000	8000	8000	8000	20000

续表

营养素	育雏期 (0~4周)	肥育前期 (4~12周)	肥育后期 (12周至出售)	种雉休产期 或后备种雉	种雉产 蛋期
维生素 D (ICU/kg)	2200	2200	2200	2200	4400
维生素 B (mg/kg)	3.5	3.5	3.0	4.0	4.0
烟 酸 (mg/kg)	60	60	60	60	60
泛 酸 (mg/kg)	10	10	10	10	16
胆 碱 (mg/kg)	1500	1000	1000	1000	1000

表 3-2 美国 NRC 野鸡的饲养标准

	育雏期	生长期	种用期
代谢能 (MJ/kg)	11.7	11.29	11.7
蛋白质 (%)	30.0	16.0	18.0
甘氨酸 + 丝氨酸 (%)	1.8	1.0	—
赖氨酸 (%)	1.5	0.8	—
蛋氨酸 + 胱氨酸 (%)	1.1	0.6	0.6
亚油酸 (%)	1.0	0.7	2.5
钙 (%)	1.0	0.7	2.5
有效磷 (%)	0.55	0.45	0.45
钠 (%)	0.15	0.15	0.15
氯 (%)	0.11	0.11	0.11
碘 (mg)	0.30	0.30	0.30
维生素 B_2 (mg)	3.5	3.0	—

续表

	育雏期	生长期	种用期
泛酸（mg）	10.0	10.0	—
烟酸（mg）	60.0	40.0	—
胆碱（mg）	1500.0	1000.0	—

表 3-3　澳大利亚制定的野鸡的饲养标准

养　分	0~4 周龄	5~9 周龄	10~16 周龄	种　雉
粗蛋白（%）	28	24	18	18
粗脂肪（%）	2.5	3	3	3
粗纤维（%）	3	3	3	3
代谢能（MJ/kg）	11.62	11.95	12.50	11.41
钙（%）	1.1	1	0.87	3
磷（%）	0.65	0.65	0.61	0.64
钠（%）	0.2	0.2	0.2	0.2
蛋氨酸（%）	0.56	0.47	0.36	0.36
赖氨酸（%）	1.77	1.31	0.93	1.04
半胱氨酸（%）	0.46	0.36	0.28	0.30

表 3-4　法国野鸡的饲养标准　　　　　（%）

营养需要量	育成期		狩猎用野鸡	种野鸡
	0~6 周	6~12 周	12 周后	产蛋中
蛋白质	24	21	14	15
代谢能（MJ/kg）	12.55	12.97	12.97	11.297
赖氨酸	1.50	1.10	0.80	0.68
蛋氨酸	0.60	0.50	0.35	0.34
蛋氨酸＋胱氨酸	1.05	0.90	0.70	0.61

（2）野鸭的饲养标准

目前我国野鸭的营养研究较少，在生产实践中，主要参考家鸭的饲养标准。现介绍的饲养标准仅供参考。

表3－5　野鸭的饲养标准

营养成分	1～14日龄	15～35日龄	36～70日龄	后备种鸭	繁殖期野鸭
代谢能（MJ/kg）	12.5	11.7	11.3	11.1	11.5
粗蛋白（%）	22	20	14	15.5	17
粗纤维（%）	3	4	4	4	4
钙（%）	0.9	1	1	1.2	2.5
磷（%）	0.5	0.5	0.45	0.5	0.6
赖氨酸（%）	1.2	1.1	0.7	0.8	1.1
蛋氨酸（%）	0.5	0.5	0.4	0.4	0.5
胱氨酸（%）	0.3	0.2	0.2	0.2	0.3
精氨酸（%）	1.1	0.1	1	1	0.9
食盐（%）	0.3	0.3	0.35	0.35	0.37

注：未列指标可参照家鸭。

表3－6　不同生理时期野鸭对微量元素的需要量

营养成分	0～3周龄	4～10周龄	11周龄～产蛋前	繁殖期
钾（%）	0.25	0.25	0.25	0.25
氯（%）	0.16	0.16	0.16	0.17
镁（mg/kg）	500	500	500	500
锰（mg/kg）	60	60	60	65

续表

营养成分	0～3周龄	4～10周龄	11周龄～产蛋前	繁殖期
锌（mg/kg）	50	50	50	55
铁（mg/kg）	80	80	80	85
铜（mg/kg）	5	5	5	5.5
硒（mg/kg）	0.1	0.1	0.1	0.15
碘（mg/kg）	0.4	0.4	0.4	0.4
钴（mg/kg）	0.4	0.4	0.4	0.4

注：未列指标可参照家鸭。

表3-7 不同生理时期野鸭对维生素的需要量

营养成分	0～3周龄	4～10周龄	11周龄～产蛋前	繁殖期
维生素A（ICU/kg）	4 000	4 500	4 500	7 500
维生素D$_3$（ICU/kg）	800	800	900	1 000
维生素E（mg/kg）	20	20	20	25
维生素K（mg/kg）	2	2	2	2
硫胺素（mg/kg）	3	3	3	4
维生素B$_2$（mg/kg）	5	5	5	8
烟酸（mg/kg）	40	40	40	40
吡哆醇（mg/kg）	6	6	6	6
泛酸（mg/kg）	15	15	15	15

三、野鸡、野鸭饲料配制技术

1. 日粮配合要注意的基本原则

为满足野鸡、野鸭对各种营养物质的需要，维持其健康和高产稳产，必须合理配制日粮。合理配制日粮要注意以下原则：

（1）首先按照不同禽种、年龄、用途、参照饲养标准或营养需要，并结合本养殖场的生产水平和生产实际中积累的经验，进行适当调整。

（2）考虑日粮的适口性，尽量配制成"色、香、味"俱全的全价饲料。

（3）原料尽量多样化，结合当地饲料资源，全面考虑降低生产成本，提高经济效益。各类饲料配合的大致比例见表3－8。

表3－8　配合日粮的大致比例

饲　料　种　类	百　分　比（%）
谷实饲料（2～3种）	45～70
糠麸类饲料	5～15
植物性蛋白质饲料	15～20
动物性蛋白质饲料	3～7
矿物质饲料	5～7
干草粉	2～5
维生素和矿物质添加剂	1
青饲料（用添加剂时可不用）	占精料总量的30～35

（4）日粮配合原料应相对稳定，使用原料先应检测，以保证质量，不用掺假、变质、发霉饲料。

（5）日粮配合必须搅拌均匀，并要求有良好的保存条件，仓库应干燥、通风，还应尽可能缩短保存时间。

2. 配合日粮时值得注意的问题

（1）日粮中能量与蛋白质的平衡。能量与蛋白质是禽营养中的两大重要指标。如以野鸡对营养成分的需要量来衡量各养分的价值，蛋白质和能量占 90% 以上。野鸡、野鸭对能量与蛋白质的利用存在着一定的比例关系。日粮中的蛋白质、矿物质、维生素等必需营养物质的含量应与能量有一定的比例，否则饲料转化率低而浪费饲料。例如，日粮在配合时，能量达不到"标准"的水平，则蛋白质等的比例应随之下降，但蛋白质与能量的比例不应变化。

（2）日粮蛋白质中氨基酸的平衡。蛋白质在日粮中的含量是非常重要的，但也不是增加了蛋白质含量，野鸡、野鸭就一定长得好，产蛋多。有的人为了满足鸡鸭对蛋白质的要求，采用高蛋白质日粮，这样的结果是日粮中出现了很多远远超过需要量的氨基酸，而真正缺乏的氨基酸仍得不到满足，就会造成蛋白质更大的浪费，反而增加了饲料成本。这是由于氨基酸需要量是由禽的体内和卵蛋白质中氨基酸组成情况决定的。就是说，配料时氨基酸不仅要有一定的数量，而且各种氨基酸还要按一定的比例使必需的氨基酸配套，这就是氨基酸的平衡。假如配合的日粮中各种氨基酸含量恰恰等于禽对必需氨基酸的需要量，那就是理想的氨基酸的平衡。

在天然的饲料中的蛋白质，绝大部分蛋氨酸和赖氨酸等必需氨基酸往往缺乏或不足，而它们又与体内其他氨基酸有相关性。因此，在配合日粮中，应首先满足这些氨基酸的需要，若不足则要按蛋氨酸、赖氨酸所缺的数量添加，补其所缺，使其日粮平衡并满足其所要求的数量。

3. 日粮配合的方法

拟定日粮配方应根据野鸡（野鸭）品种、年龄、生长阶段、饲料储备等情况，参照类似配方及经验，试定出配方的大概比例；然后将计算的营养水平与饲养标准对照，若某种营养成分不足或过多，则予以调整饲料配比，反复多次，直到符合饲养标准要求。

拟定配方一般有以下步骤：

（1）查找饲养标准，将配方中所需营养列出。

（2）查《家禽常用饲料成分及营养价值表》（表3-13），将选用的各项饲料营养成分列出。

（3）根据各类饲料的大致比例进行试配方，并计算各项营养指标。

（4）与饲养标准对照，进行调整平衡，一般经2～3次原料调整即完成。

4. 野鸡、野鸭饲料配方举例

表3-9　野鸡的饲料配方（一）　　　（%）

成　　分	0～4周龄	5～9周龄	10～16周龄	种　雉
小　麦	41	56	70	61
高　粱	10	10	8	10
细　麸	—	—	5	5
肉粉（50%）	12	12	10	11
大豆饼粉	31	18	5	4
鱼　粉	3	3	1	2
苜蓿粉	—	—	—	3

续表

成　　分	0～4 周龄	5～9 周龄	10～16 周龄	种　雏
石灰石	—	—	—	3
牛羊油	2			
配合添加剂	1	1	1	1

表 3-10　野鸡的饲料配方（二）　　　　（%）

饲料种类	幼雏 （0～4 周）	中雏 （5～9 周）	大雏 （10～16 周）	产蛋期	非产蛋 成鸡
玉　米	30	38	60	40	62.5
全麦粉	10	10	–	10	–
麦　麸	2.6	4.6	8.5	3.5	15
高　粱	3	3	–	–	–
豆饼（机榨）	25	21	–	15	–
豆饼（浸提）	–	–	18	–	15
大豆粉	10	8	–	10	–
鱼粉（进口）	12	10	8	12	5
酵　母	5	3	3	5	–
骨　粉	1	1	–	2	–
贝壳粉	1	1	2	2	2
食　盐	0.4	0.4	0.5	0.5	0.5
多种维生素（g/100kg）*	20	20	20	20	20
微量元素（g/100kg）**	100	100	200	200	200
代谢能（MJ/kg）	12.21	12.25	12.16	11.75	11.95
粗蛋白（%）	28.0	25.2	20.8	24.7	17.9

*上海制药厂生产；**黑龙江生物制药二厂生产。

表 3 - 11　野鸭的参考饲料配方　　　（％）

饲料名称	1～14日龄	15～30日龄	30～180日龄	繁殖期	商品野鸭肥育期
玉　米	63.0	67.4	61.2	65.2	65.6
麦　麸	5	6	8	8	6
细米糠	—	2	8	5	10
大豆粕	21	18	18	15	15
鱼　粉	7	3	—	—	—
石　粉	0.7	0.7	1.2	3.2	0.7
磷酸氢钙	1	1	1.5	1.5	1
食　盐	0.35	0.35	0.35	0.35	0.35
植酸酶	0.5	0.5	0.7	0.7	0.5
溢康素（广东产）	0.5	0.3	0.03	0.3	0.3
益生素	0.2	0.2	0.2	0.2	—
复合多种维生素	0.05	0.05	0.05	0.05	0.05
复合微量元素	0.7	0.5	0.5	0.5	0.5

注：①植酸酶活性为500单位/千克。②每千克饲料中另外添加50毫克大蒜素。

表 3 – 12　　野鸭的参考饲料配方　　（%）

饲料段阶		玉米	麸皮	大麦	高粱	豆饼	鱼粉	血粉	菜籽饼	葵花饼	蛎粉	骨粉	矿物质添加剂	盐	沙粒
育雏期	1	40	10	15	5	15	8	–	–	–	–	4.7		0.3	2
	2	35	13	10	10	20						4.7		0.3	2
育成期	1	35	13	15	15	10	7	–	–	–	–	4.7		0.3	2
	2	40	15	10	12	5						4.7		0.3	2
种鸭	1	40	15		–	30	10		1	1.9	1	4	1	–	–
	2	54.5	5.6	3.3	–	20	9.4					2.3	1	–	–

注：每100千克加禽用维生素添加剂10克。

第二节　常用饲料

野鸡（野鸭）饲料种类繁多，根据所含主要养分可大致分为能量饲料、蛋白质饲料，矿物质饲料、维生素和饲料添加剂等。

一、能量饲料

能量饲料是指绝干物质中粗纤维含量低于18%，同时粗蛋白质含量低于20%的谷实类饲料、糠麸类、块根块茎和瓜类，以及油脂、糖蜜等饲料。能量饲料一般占野鸡、野鸭饲料的60%以上。

1. 玉米

玉米是很好的精饲料，能量含量高，含有丰富的胡萝卜素和叶黄素，用黄玉米喂肉鸡可加深腿趾黄色。玉米适口性好，粗纤维含量低。玉米含蛋白质6%～9%，必需氨基酸如蛋氨酸、色氨酸含量及钙磷和B族维生素含量均较低，除养禽开食可单独使用玉米外，其他阶段应与其他饲料配合，达到营养互补效果。

2. 小麦

小麦是能量值仅次于玉米的高能饲料，粗蛋白质含量较高，但必需氨基酸如蛋氨酸、赖氨酸含量偏低，粗脂肪和粗纤维的含量较低。

3. 大麦

大麦的代谢能较低，而且粗纤维含量高，使用时应磨粉或压扁。它的粗蛋白质含量相对高些，并且品质较好，赖氨酸含量高，粗脂肪含量低，日粮中大麦不宜超过20%。

4. 麸皮、米糠

麸皮、米糠是小麦和大米加工的副产品，粗纤维含量高达10%左右，代谢能低，蛋氨酸含量也低，含磷多、含钙少。麸皮的单位容量较高，对养野鸡（野鸭）不宜过多使用。但麸皮含有丰富的维生素B族，特别是维生素 B_1、维生素 B_2、维生素 B_6 含量较高，适量选用对野鸡（野鸭）生长有促进作用。

5. 碎米、小米、草籽、高粱

这4种饲料均是野鸡（野鸭）常用的饲料。碎米和小米可根据需要占日粮的20%～40%，是雏禽开食的好饲料。草籽可占育成禽或成年禽日粮的10%～20%。高粱因含单宁酸影响食欲，喂量多易便秘，可控制在5%～15%范围内。

6. 油脂和糖蜜

糖蜜通常是制糖工业的副产品。糖蜜含能量较高，粗蛋白质含量3%～5%。糖蜜在配合饲料中用量不宜超过5%。脂肪和油脂则含能量很高，适用于配制高能日粮。

二、蛋白质补充饲料

蛋白质饲料是指饲料产物质中蛋白质含量在 20% 以上，粗纤维含量在 18% 以下的饲料，包括植物性蛋白质饲料和动物性蛋白质饲料。前者主要来自植物，如苜蓿粉、大豆饼、棉仁饼、菜籽饼等豆科植物，后者基本上来自畜产品及其副产品，如鱼粉、肉粉、毛发粉等。

1. 大豆饼（粕）

在植物性蛋白质饲料中，豆粕的蛋白质含量较高，适口性好，是最安全的饲料。

选用豆粕时，一定要选用经过热处理的，因未经处理的豆粕含有 6 种毒素，适口性差，摄入后降低蛋白质利用率，影响新陈代谢和生长速度。

2. 棉仁饼

棉仁饼的蛋白质含量比大豆饼低，粗纤维含量较高，粗脂肪含量低。饼内含有 1.3% 左右的游离棉酚等有毒成分，日粮配合时要控制用量，雏禽与育成禽限量在 8% 以下，种禽不超过 5%，否则会影响生长速度及种蛋受精率、孵化率。

3. 菜籽饼

菜籽饼含有的蛋白质比大豆饼低，比棉仁饼高。其蛋白质中氨基酸较完全，蛋氨酸含量高于大豆饼、棉仁饼。但菜籽饼有特殊的辛辣味，适口性差，且含有毒物质菜籽酚、种禽日粮中不宜多用。

4. 鱼粉

鱼粉含蛋白质一般达 45% ~ 67%，来源不同含量差异很大，鱼粉所含的蛋白质中氨基酸数量高，品质好，赖氨酸含量是所有饲料中最高的，几乎没有糖分和粗纤维。钙磷比例合适，富含维生素，特别是维生素 B 族。

鱼粉中粗脂肪含量较高，保存不妥会降低脂溶性维生素的含量，易发生霉变。有的鱼粉含盐量过高，蛋白质实际含量很低，如果用这些劣质鱼粉饲喂野鸡（野鸭），不但无益，反而会拉稀患病，影响生长速度。

5. 肉粉

肉粉又称肉骨粉，是动物内脏或不能供人食用的屠体直接加工，经高温高压处理后，无菌密封包装的产品。它的蛋白质含量可达 50%～60%，灰分含量较高，钙磷含量高且比例合适。但粗脂肪含量偏高，易潮解变质，应妥善保存。

6. 昆虫蛋白质饲料

昆虫是地球上最大的生物类群，是一类极具开发潜力的蛋白质资源。许多昆虫体的蛋白质含量高达 50% 以上，有的达 80% 以上，而且其赖氨酸和蛋氨酸的含量也较高，是一种优质的蛋白质饲料。目前用作饲料的昆虫有蝇蛆、黄粉虫、蚕蛹和蚯蚓。

（1）蝇蛆：蝇蛆是家蝇的幼虫。鲜蝇蛆中含水量为 80%，约含蛋白质 16%。干品中蛋白质含量可达 54%～63%，几乎与鱼粉相当，粗脂肪含量为 25% 左右，是鱼粉和大豆饼粕的 4～5 倍，而且蝇蛆粉中的蛋白质生物学效价较高。据测定，蝇蛆粉中含有 17 种氨基酸，每种氨基酸的含量均高于鱼粉，其氨基酸总量是鱼粉的 1.8 倍，必需氨基酸总量是鱼粉的 2.3 倍，尤其是蛋氨酸、赖氨酸和苯丙氨酸的含量较高，分别是鱼粉的 2.7 倍、2.6 倍和 2.9 倍。作为一种新型蛋白质资源，蝇蛆粉在动物配合饲料中的应用才刚刚起步，其在野鸭和野鸡配合饲料中的应用量正处于摸索阶段，通常饲喂量不超过 10%。

（2）黄粉虫：黄粉虫又称大黄粉虫、面包虫，多年以来一直是观赏鸟类、蛙及观赏鱼类等的优质饲料。据报道，黄粉虫成虫、幼虫和蛹的粗蛋白质含量都较高，分别可以达到 63%、50% 和 56%；粗脂肪含量可以达到 18%、33% 和 28%，其氨基酸总量和种类与蝇蛆基本相同，但蛋氨酸含量略显不足。黄粉虫中还含有较多的维生素 E、维生素 B_1、维生素 B_2 和无机盐。用黄粉虫饲喂动物，可使动物生长速度加快，增强抗病力和繁殖成活率。

（3）蚕蛹：蚕蛹中含有丰富的蛋白质、脂肪、不饱和脂肪酸、少量磷脂、维生素及多种无机盐，其蛋白质含量可达 68%，氨基酸中蛋氨酸、异亮氨酸、谷氨酸及胱氨酸的含量较高。其中蛋氨酸含量是牛肉的 15 倍、大豆的 27 倍；赖氨酸是牛肉的 10 倍、大豆的 14 倍。

蚕蛹粉是蚕蛹未经脱油的制品，而蚕蛹粕（渣）则是蚕蛹经脱油后的残余物制品。它们的营养特点是含有较多的蛋白质，分别是 54% 和 65%，蛋氨酸含量分别是 2.2% 和 2.9%，赖氨酸含量为 4.4% ~6.3%，色氨酸含量为 1.2% ~1.5%，但精氨酸的含量不足，应适当与其他饲料搭配使用。蚕蛹的粗脂肪含量约为 22%，蚕蛹粕（渣）的粗脂肪含量为一般为 10% 左右，因此这两种饲料都不耐贮藏。

（4）蚯蚓粉：蚯蚓粉是由蚯蚓干燥后粉碎而成的。营养特点是干物质中粗蛋白质含量较高，为 36% ~68%，与鱼粉相似；氨基酸的种类也基本与鱼粉相同，但赖氨酸和蛋氨酸、胱氨酸含量比鱼粉低，富含维生素 A 和 B 族维生素。用作蛋白质类饲料时应注意补充蛋氨酸和胱氨酸等含硫氨基酸。通常蚯蚓粉在配合饲料中的比例不超过5%。

三、矿物质饲料

1. 贝壳、石灰石、蛋壳

这3种饲料都是钙的补充料，其中贝壳最好，含钙多，易被野鸡（野鸭）吸收。石灰石含钙也高，价格便宜，用量大时会降低日粮的适口性，而且须注意石灰石中的镁含量不得高于0.5%。蛋壳也是好的钙的补充剂，但要注意使用时消毒。另外石膏（硅酸钙）也可作为钙和硅元素的补充饲料。

2. 骨粉、磷酸粉、磷酸氢钙

这3种是优质的钙磷补充饲料。一般蒸制的骨粉含钙30%，磷14.5%。骨粉和磷酸钙的用量一般占配合饲料的1%～1.5%。

3. 食盐

食盐是野鸡（野鸭）体内钠和氯的主要来源。食盐的用量，雏野鸡占配合饲料的0.25%～0.30%，成年野鸡占配合料的0.3%～0.4%。如配合料中含鱼粉较多和饮水中含盐量较大，则配合饲料中应适当减少食盐含量。

四、维生素补充饲料

维生素补充饲料又称维生素添加剂，在禽类发生维生素缺乏症时，可对症单独补充单项维生素。在配制全价饲料时，日粮中一般采用添加市售的复合维生素添加剂工业产品，它是根据禽的营养需要制定的。

维生素添加剂产品类型很多。不同的配方、不同的原料来源、不同的生产工艺、不同的质量检验水平生产出的产品在质量上存在着差异，饲喂的效果也不尽相同，所以，选购时要慎重选择。脂溶性的维生素 A、维生素 D、维生素 E 应有胶质包膜；产品类型与补饲的品种、使用阶段也应相互一致。维生素添加剂要按说明书的注意事项使用，并在允许范围内视具体情况增减。

五、青绿饲料

一般小型野鸡（野鸭）养殖户可以充分利用叶菜类及蚕豆苗、麦苗、瓜秧等青绿饲料，较大规模的养殖场可用苜蓿草粉。在风干物中含蛋白质在 17% ~20%，含维生素和矿物质丰富，无机盐含量也较多，且钙磷比例较合适。

青绿饲料中含叶黄素、胡萝卜素较多，又因未知生长因子的来源，且适口性好，易消化，成本低，农村专业户使用普遍。用量可为精料的 10% ~20%。

六、添加剂饲料

添加剂包括营养性添加剂与非营养性添加剂两大类。营养性添加剂，主要是补充配合饲料中含量不足的营养素，使所配合的饲料达到全价。非营养性添加剂并不是营养需要，它是一种辅助性饲料，添加后可提高饲料的利用率，防止疾病感染，增强抵抗力，杀灭或控制寄生虫，防止饲料霉变，提高适口性等。野鸡、野鸭没有专用添加剂，一般参照鸡、鸭标准使用。

1. 维生素添加剂

家禽维生素添加剂可分为雏禽育成鸡（禽）用、产蛋期用和种禽用等数种。其添加量除按营养需要规定外，还应考虑日粮组成、环境条件（气温、饲养方式），疾病、运输转群、注射疫苗、断喙等情况。通常在配合饲料中加 0.1% 或 0.5%～1%（加辅料的）。一般可参照维生素添加剂生产厂家在使用说明书上的推荐用量。

2. 微量元素添加剂

微量元素添加剂又称矿物质添加剂，它是根据禽的营养需要制定出配方后，将含有铁、锰、锌、铜、碘、硒等化工原料按一定的工艺流程混合，经检验合格包装出厂市售。加辅料的微量元素添加剂，一般用量占日粮的 0.5%～1%，可参照生产厂家使用说明书上推荐的用量。

3. 氨基酸添加剂

添加于日粮中的氨基酸主要是植物性饲料中最缺乏的必需氨基酸（蛋氨酸和赖氨酸）。用于添加剂的主要是人工合成的赖氨酸与蛋氨酸。

4. 饲料加工、保藏剂

这类添加剂本身没有营养价值，但可以适当提高饲料的保存期，保证某些营养物质在一定时期内不会发生变质。主要包括抗氧化剂、防腐剂、黏结剂、抗结块剂和稳定剂等。

（1）抗氧化剂：它能防止饲料中的油脂与脂溶性维生素等自动氧化，造成饲料氧化变质、失效或发生酸败。目前我国允许在配合饲料中使用的抗氧化剂有：乙基喹啉、二丁基羟基甲苯（BHT）、丁基羟茴香醚（BHA）和没食子酸丙酯。

（2）防腐剂：用于抑制毒素产生、降低微生物数量，防止饲料腐败变质造成营养成分的损失。目前我国允许在配合饲料中使用的防腐剂有：甲酸、甲酸钙、甲酸铵、乙酸、双乙酸钠、丙酸、丙酸钙、丙酸钠、丙酸铵、丁酸、乳酸、苯甲酸、苯甲酸钠、山梨酸、山梨酸钠、山梨酸钾、富马酸、柠檬酸、酒石酸、苹果酸和磷酸。

(3)抗结块剂与黏结剂：抗结块剂的功能是使配合饲料和添加剂保持流动状态。在颗粒饲料中加入黏结剂，可以增加颗粒饲料的坚实性、持久性，延长产品的使用与贮存时间。主要产品有：α-淀粉、海藻酸钠、羧甲基纤维素钠，丙二醇、二氧化硅等。

(4)稳定剂：稳定剂是改善或稳定配合饲料物理性质或组织状态的一类添加剂。主要有蔗糖脂肪酸酯、山梨醇酐酯脂肪酸酯、甘油脂肪酸酯等。

5.食欲增进剂

主要是增加动物食欲，或为掩盖某种饲料组分中的不良气味，而在配合饲料中加入的各种香料或调味剂。如糖精钠、谷氨酸钠、5'-肌苷酸二钠和各类食品用香料。

6.驱虫保健添加剂

用于定期的预防和治疗，常用的有氨丙啉、氯甙等。抗球虫剂在肉用禽类出栏前1周必须停药。

7.生长促进剂

生长促进剂的目的是刺激动物的生长，促进动物健康，改善饲料利用率，提高生产性能，节省饲料开支，防治疫病。主要有抗生素类、抗菌药物、抗虫驱虫药、配制剂及抗生素替代品。

8.沙砾

沙砾的作用仅为有助于禽的消化，提高饲料转化率。有运动场的则在场中让野鸡（野鸭）自由啄取；无运动场的可在饲料中添加1%左右中等大小的沙砾。

表 3 - 13　家禽常用饲料成分及营养价值表

营养成分 饲料名称	干物质 (%)	代谢能 (MJ/kg)	粗蛋白质 (%)	粗脂肪 (%)	粗纤维 (%)	粗灰分 (%)	钙 (%)	总磷 (%)	有效磷 (%)	赖氨酸 (%)	蛋氨酸 (%)	胱氨酸 (%)
玉米	88.4	14.6	8.6	3.5	2.0	1.40	0.04	0.21	0.06	0.27	0.13	0.18
稻谷	90.6	10.67	8.3	1.5	8.5	4.80	0.07	0.28	0.08	0.31	0.10	0.12
糙米	87.0	13.97	8.8	2.0	0.7	1.30	0.04	0.25	0.08	0.29	0.14	0.14
三等粉	85.4	13.56	13.2	1.9	0.4	1.60	0.07	0.45	0.14	0.26	0.05	0.19
碎米	88.0	14.10	8.8	2.2	1.1	1.60	0.04	0.23	0.07	0.34	0.18	0.18
大豆	88.0	14.06	37.0	16.2	5.1	4.60	0.27	0.48	0.14	2.30	0.40	0.55
豌豆	88.0	11.42	1.5	5.9	2.9	0.13	0.39	0.12	1.61	0.10	0.46	0.18
蚕豆	88.0	10.79	1.4	7.5	3.3	0.15	0.40	0.12	1.66	0.12	0.52	0.21
豆饼(机榨)	90.6	11.05	43.0	5.4	5.7	5.90	0.32	0.50	0.15	2.45	0.48	0.60
豆饼(浸提)	92.4	10.29	47.2	1.1	5.4	6.10	0.32	0.62	0.19	2.54	0.51	0.65
菜籽饼(机榨)	92.2	8.45	36.4	7.8	10.7	8.00	0.73	0.95	0.29	1.23	0.61	0.61
菜籽饼(浸提)	91.2	7.99	38.5	1.4	11.8	6.70	0.79	0.96	0.29	1.35	0.77	0.69
棉仁饼(机榨)	92.2	8.16	33.8	6.0	15.1	6.10	0.31	0.61	0.19	1.29	0.36	0.38
棉仁饼(浸提)	91.0	7.95	41.4	0.9	12.9	6.40	0.36	1.02	0.31	1.39	0.41	0.46
花生仁饼(机榨)	90.0	12.26	43.9	6.6	5.3	5.10	0.25	0.52	0.16	1.35	0.39	0.63
米糠饼	90.7	9.37	15.2	7.3	8.9	10.0	0.12	1.49	0.45	0.63	0.23	0.22
小麦麸	88.6	6.56	14.4	3.7	9.2	5.19	0.18	0.78	0.23	0.47	0.15	0.33
小麦麸(七二粉)	88.0	7.95	14.2	3.1	7.3	5.0	0.12	0.85	0.62	0.54	0.17	0.40

续表

饲料名称＼营养成分	干物质(%)	代谢能(MJ/kg)	粗蛋白质(%)	粗脂肪(%)	粗纤维(%)	粗灰分(%)	钙(%)	总磷(%)	有效磷(%)	赖氨酸(%)	蛋氨酸(%)	胱氨酸(%)
小麦麸(八四粉)	88.0	7.24	15.4	2.0	8.2	4.40	0.14	1.06	0.32	0.54	0.18	0.40
米糠	60.0	10.92	12.1	15.5	9.2	10.1	0.14	1.04	0.31	0.56	0.25	0.20
甘薯粉	89.0	11.80	3.8	1.3	2.2	2.5	0.15	0.1	0.03	0.14	0.04	0.05
蚕豆粉浆蛋白粉	92.0	12.97	56.3	6.4	6.7	2.7	0.12	0.39	0.12	4.30	0.26	0.10
发酵血粉	92.3	8.79	36.8	6.90	4.3	8.2	0.20	1.50	0.45	1.93	0.12	0.28
稻谷单细胞蛋白粉	92.0	9.62	46.0	35.3	/	14.14	0.12	1.47	0.44	3.16	1.28	0.25
鱼粉(等外)	91.1	8.37	38.6	4.6	/	/	6.13	1.03	1.03	2.12	0.89	0.41
鱼粉(国产)	89.5	103.25	55.1	9.3	/	18.9	4.59	2.15	2.15	3.64	1.44	0.47
鱼粉(进口)	89.0	12.13	60.5	9.7	/	/	3.91	2.90	2.90	4.35	1.65	0.50
肉骨粉	94.0	11.38	53.4	9.9	/	/	9.20	4.70	4.70	2.60	0.67	0.33
蚕蛹(全脂)	91.0	14.27	53.9	23.3	/	/	0.25	0.58	0.58	3.66	4.85	7.79
蚕蛹渣(脱脂)	89.3	11.42	64.8	3.9	/	/	0.19	0.65	0.75	2.21	2.92	0.68
血粉	88.9	10.29	84.7	0.4	/	/	0.01	0.22	0.22	0.53	0.66	1.69
植物油	99.5	36.82	/	/	/	/	/	/	/	/	/	/
贝壳粉	/	/	/	/	/	/	33.4	/	/	/	/	/
石粉	/	/	/	/	/	/	35.0	0.14	0.14	/	/	/
骨粉	/	/	/	/	/	/	36.4	16.0	16.4	/	/	/

第四章　野鸡育雏

第一节　雏野鸡的生理特点

野鸡从出壳至 30 日龄，称为野鸡的育雏期。雏野鸡有如下特点：

(1) 刚出壳的雏野鸡个体小，绒毛短稀，体温较低，体温调节机能较弱，难以适应外界温度的变化，既怕冷，又怕热。因此在育雏期间必须进行保温。

(2) 雏野鸡生长发育迅速，4 周龄内体重每周成倍增长，因此育雏期间要求供给充足而优质的高蛋白质饲料。

(3) 雏野鸡的嗉囊和肌胃容积很小，消化机能差，消化系统需要逐渐发育完善。在管理上应做到：饲料营养全面，且易于消化；少量多次饲喂，不断供水，满足其生理需要以助消化。

(4) 雏野鸡非常胆怯，对外界环境的微小变化非常敏感，外界的任何刺激都会导致雏野鸡情绪紧张而四处乱窜，影响采食，甚至引起死亡。因此要注意保持周围环境安静，有规律而细心地进行操作、管理。

(5) 雏野鸡的抗病力较雏家禽强，但禽类的多种病都可能传染给野鸡，尤其是肠胃疾病和呼吸道疾病。因此，野鸡不能和其他禽类混在一起饲养。

(6) 雏野鸡没有自卫能力，易受鼠、猫、狗、蛇、野兽和天敌野鸟等的侵害，所以育雏舍要有防卫设施。

第二节　育雏方式

1. 箱育雏

对于家庭少量饲养可以采用箱育雏，就是用木制或纸质的育雏箱来培育野鸡。育雏箱长 100 厘米，宽 50 厘米，高 50 厘米，箱盖上开两个直径 3~4 厘米的通风孔。

箱育雏要注意保温。如有专门的育雏室，其保温性好，育雏期间室温可达 25℃~30℃，上述规格的育雏箱，在其顶部悬挂两盏 60 瓦的灯泡供热即可。

箱育雏的方法：将雏野鸡置于垫有稻草或旧棉絮的育雏箱中。灯泡挂在离雏野鸡 40~50 厘米的高度（根据灯泡大小、气温高低、幼雏日龄来灵活调整其高度）供热保温，雏野鸡吃食和饮水都是用人工将其提出，喂饮完后又捉回育雏箱内。

箱育雏设备简单，保温不稳定，需要精心看护，仅适于小规模 0~10 日龄的幼雏以及家庭饲养者饲养少量雏野鸡。

2. 地面平养

地面平养就是在铺有垫料的地面上饲养雏野鸡，是目前中小型野鸡场和农村专业户普遍采用的方式。

地面平养的育雏房要有适宜的地面，最好是水泥光滑地面，兼有良好的排水性能，以利于清洁卫生。育雏室每幢长 20 米、宽 5 米、高 2.5 米，用纤维板或砖将其分隔成四间。

在育雏室阴面一边留一条宽 1.2 米的走廊，顶部设置保温隔热板，阳面墙南顶部开有窗口便于通风，窗的大小为 30 厘米×20 厘米。每间设一个伞形或斗形保温器，或用 8 个红外线灯泡作热源。地面垫上新鲜谷壳、锯末和短草作垫料。

保温器周围或红外灯下适当范围，围上 40～60 厘米高的围栏，并且每 3 天扩大一次范围，2 周后将围栏撤走。雏野鸡在育雏室内散养，21 日龄开始可在晴朗天气将雏野鸡放到室外运动场活动。保温器育雏，食槽和饮水器应安放在保温器外边的适当位置，红外线灯泡取暖育雏，食槽和饮水器都不要安置在灯泡下。

3. 网上平养

网上平养即在离地面 40～60 厘米高处，架上铁丝网，把雏野鸡饲养在网上。

网上平养是野鸡育雏较好的方式，其排泄物可以直接落入网下，雏野鸡基本不接触粪便，从而减少与病原接触，减少再感染的机会，尤其是对防止球虫病和肠胃疾病有明显的效果。

小型野鸡场及农村专业户，一般可采用小床网育。网床由底网、围网和床架组成。网床的大小可以根据育雏舍的面积及网床的安排来设计，一般长为 1.6～2 米，宽 0.6～0.8 米，床距地面的高度为 40～60 厘米。床架可用三角铁、木、竹等制成。床底网可根据日龄不同，采用不同的网目规格，0～21 日龄用 0.5 厘米×0.5 厘米网目，21 日龄后用 1 厘米×1 厘米网目。为减少投资也可采用 1 厘米×1 厘米网目规格的一种床底网，在育 0～21 日龄的幼雏时在底网上铺一层0.5 厘米×0.5 厘米网目的塑料网即可。床底网由铁丝编织而成，要求网面平整、无突出的铁丝头，最好采用包裹塑料的铁丝编织，这样在育雏时可避免雏野鸡的足踝受伤。围网的高度为 40～50 厘米（底网以上的高度）。围网最好选用价格较便宜的铁丝网，或因地制宜选用竹片、木条等材料，以便节约成本，但以钻不出雏野鸡为原则。

4. 立体笼养

立体笼养就是在立体多层重叠式笼内育雏。育雏舍为砖瓦结构，水泥地面房舍，舍的阴面有1.2米宽的走廊，阳面为20平方米和40平方米两种规格的育雏室，自然采光，用电暖风机等供暖。

立体多层重叠式笼由笼架、笼体、食槽、水槽和承粪板组成。笼架用直径12毫米的钢筋焊接而成，高180厘米、长100~200厘米、宽60厘米。笼架与笼体应相互配套，第一层笼装置在离地30厘米处，以此为起点每层笼高50厘米。笼体的骨架由直径6毫米钢筋焊成，底用1厘米×1厘米网眼的铁丝网，壁也用铁丝网焊围起来，但网眼可大些（以雏野鸡钻不出为度），顶网宜用塑料网以防野鸡跳跃时撞伤。在笼体的一长侧面安装上笼门，笼门大小为20厘米×25厘米，笼门可用铁皮制成，装在笼体上可以推拉活动。笼门装在侧面的中央，笼门左右两侧的侧面基部留高约3厘米，不用铁丝网覆盖，而用14号铁丝制成栅栏式，栅隙以野鸡幼雏能伸出头采食而身体钻不出为度，这样在笼门两侧可吊挂食槽和水槽，供幼雏采食、饮水。各层笼底有一承粪板，笼底与承粪板相距10厘米，承粪板可用纤维板或锌皮制成抽拉式的，由1~2块板组成。

第三节　育雏条件

1. 温度

温度是育雏成败的重要条件。野鸡幼雏绒毛稀而短，体温调节机能不健全，对于温度非常敏感，因此育雏期要人工保温。幼雏出壳后1周内的保温工作尤为重要。加强保温环节，给雏野鸡提供稳定而适宜的温度，能有效地提高成活率，有利于生长发育。

保温热源可采用地烟道、暖气、电热丝、煤炉和红外灯等，也可用保温伞。一般开始时的温度是37℃~38℃，以后每隔1天（即每2天）降低0.5℃，1周龄以后每3天降低1℃。具体安排见表4-1。

表4-1　育雏适宜温度

日　龄	温　度（℃）
1	35
2~4	35~34
5~7	34~33
8~10	33~32
11~12	32~31
13~14	31~30
15~16	30~29
17~18	29~28
19~20	28~27
21	26
22	25
23	24
24	23
25	22
26	21
27	20
28	19
29	18
30	脱温

育雏温度，保温器育雏是指距离热源50厘米、地上5厘米处的温度，笼育或网育则是指网上5厘米处的温度，室温指靠墙离地面1米高处的温度。掌握育雏温度，一要看温度计（挂置在适当位置），二要注意仔细观察雏野鸡的活动、休息和觅食状况。温度适当，雏野鸡活泼好动，食欲良好，均匀地分布在育雏器范围内，睡眠时安静地围在热源周围，互不挤压，而且安稳，不太发出叫声。温度过高，雏野鸡张口呼吸，喘气，翅膀张开，抢水喝，采食量减少，粪便变稀，远离热源，精神沉郁，雏野鸡易患呼吸道疾病或引起啄趾、啄羽等恶癖，夏季还容易中暑。如果育雏器狭窄，雏野鸡无处躲避，还易发生热射病，甚至造成死亡。温度过低，雏野鸡拥挤在热源附近，缩颈，行动迟缓，夜间睡眠不稳，闭眼尖叫，拥挤扎堆。温度低易使雏野鸡受凉拉稀，挤压死亡。有间隙风时，雏野鸡远离育雏器。

2. 湿度

育雏时环境湿度也很重要。湿度过大，雏野鸡水分蒸发和散热困难，食欲不振，易患白痢、球虫、霍乱等病，严重威胁雏群健康；湿度过低，雏野鸡体内水分蒸发过快，这会使刚出壳的幼雏腹中蛋黄吸收不良，羽毛生长不良，毛焦发干，出现啄毛、啄肛现象；湿度适宜，雏野鸡感到舒适，休息、食欲良好，发育正常。

育雏的适宜湿度是：1周龄内，育雏室内空气相对湿度为65%～70%，1～2周龄为60%～65%，2周龄以后为55%～60%。进雏前1～2天就应将育雏室内湿度调至适宜水平。

用地下烟道和煤炉供暖育雏时，要注意防止育雏室内过于干燥。若室内湿度过低，可喷洒清水于地面、挂湿毛巾或在火炉上放水壶，通过水蒸气的散发调节湿度。潮湿季节要注意防潮，以免育雏室内空气相对湿度过大。

3. 通风

育雏期室内温度高，饲养密度大，雏野鸡生长快，代谢旺盛，呼吸快，需要有足够的新鲜空气。另外舍内粪便、垫料因潮湿发酵，常会散发出大量氨气、二氧化碳和硫化氢，污染室内空气。所以，育雏时既要保温，又要注意通风换气以保持空气新鲜。在保证一定温度的前提下，应适当打开育雏室的门窗通风换气，增加室内新鲜空气，排出二氧化碳、氨气等不良气体。一般以人进入育雏舍内无闷气感觉，无刺鼻气味为宜。

通风换气要注意避免冷空气直接吹到雏野鸡身上，而使其着凉感冒，也忌间隙风。育雏箱内的通气孔要经常打开换气，尤其在晚间要注意换气。

4. 光照

光照可促进雏野鸡采食和饮水，增加运动，促进骨骼、肌肉增长，预防疾病。合理的光照，除利用自然光照外，还应补充一定的人工光照。

育雏的光照有两种：

（1）自然光照（太阳光）：阳光对于雏野鸡的生长发育极为重要，它可提高雏野鸡的生活力，刺激食欲，促进维生素 A 和维生素 D 的合成，促进生长发育，阳光还可以杀菌，使室内干燥温暖。如室内晒不到阳光或自然光照不足，可在饲料中添加维生素 A 和维生素 D，或增加青饲料（瓜皮、菜叶等），或进行人工补充光照。

（2）人工光照（灯光）：灯光的主要作用，一是照明，便于雏野鸡采食和饮水，以及饲养管理人员工作。二是促进野鸡的生长发育和性成熟。

光照时间：1～7 日龄内的雏野鸡，实行 20 小时至全日光照；8～14 日龄的雏野鸡采用 16 小时光照；15 日龄以后公雏实行 12 小时光照，母雏则进行 14 小时光照。光照强度每平方米用 2 瓦灯光即可。

5. 密度

密度是指单位面积所容纳雏野鸡的数目。密度过大，妨碍雏野鸡采食、饮水和运动，弱野鸡受的影响更大。密度过小，设备利用率低，增加饲养成本。一般体形大的密度应小些，体形小的密度可大些；日龄小可密些，日龄大宜疏一些；冬季可密些，夏季宜疏。

各阶段的饲养密度每平方米为 1～10 日龄 60 只，11～30 日龄 20 只，31～60 日龄 10 只。

6. 营养

雏野鸡生长发育速度较快，必须保证完善的营养，尤其要注意蛋白质、矿物质、维生素的需求。一般粗蛋白质为 26%～27%，钙为 1.3%，磷为 0.9%，维生素 A 为每千克 1500 国际单位，维生素 D 为 2200 国际单位。日粮中可拌入 15%～20% 的青绿蔬菜，青菜要剁碎。此外，还必须供给充足清洁的饮水。饲养期间，最好喂一些昆虫幼虫。

7. 卫生防疫

接雏野鸡前，地面、墙壁、育雏室等要彻底消毒。育雏期间，每天要洗刷一次食槽、水槽，每天清除一次粪便。落在地上的饲料和饮水要及时清除晾干，谢绝外人参观。

第四节　育雏前的准备

野鸡育雏之前必须充分做好各项准备工作，这是育雏成功的关键措施。育雏前的准备包括以下方面：

1. 拟定育雏计划

明确每批育雏的数量，并结合实际情况确定育雏方式，然后根据育雏数量和育雏方式提出需用育雏舍的面积、保温设备和其他育雏设备的规格和数量，并根据育雏数量和育雏时间准备饲料、垫料和药物等消耗物质。正式育雏前还要制订免疫计划、育雏管理的具体操作规程，并明确专人负责。

2. 育雏舍和设备的维修、安装

育雏舍在进雏前要进行全面的检查和维修。进雏前要检查、维修育雏舍取暖设备和饲养设备，使之达到使用要求并安装好。凡是雏野鸡能接触的设备（如网床、育雏笼、保温器等）其周围边缘应整齐，以减少伤残。

3. 饲料和垫料的准备

育雏前必须贮备足够量的饲料和垫料。

4. 育雏舍的清理与消毒

（1）清舍：进雏鸡前半个月，必须清扫育雏室及育雏室周围环境的杂物，用2%的氢氧化钠溶液喷洒育雏室墙壁和地面，或用白石灰撒在育雏室周围。

（2）清洗：将食槽和饮水器具浸泡在来苏尔溶液中洗刷消毒，并用清水冲洗干净、晾干备用。

（3）消毒：将育雏所用的各种工具放入育雏室内，然后关闭门窗，用甲醛熏蒸消毒。消毒剂量为每立方米体积用甲醛溶液42毫升加42毫升水，再加入21克高锰酸钾。1～2

天后打开门窗，通风晾干野鸡舍。

5. 试温

野鸡进舍前 24 小时必须对野鸡舍进行升温，采用保温伞供暖时，1 日龄时伞下的温度应控制在 34℃ ~ 36℃，保温伞边缘区域的温度控制在 30℃ ~ 32℃，育雏室温度要求24℃。采用整室供暖（暖气、煤炉或地坑），1 日龄的室温要求保持在 29℃ ~ 31℃。

6. 铺好垫料

地面平养需要在水泥地面铺上 8 厘米的垫料（每平方米约 5 千克）。垫料最迟应在进雏前 24 小时铺好。一般要在野鸡舍第二次消毒前铺好。垫料要求干燥、无霉菌、无有毒物质、吸水性强。如切成长 5 ~ 10 厘米的麦秸或稻草、稻壳是较好的垫料。

7. 其他

要准备好消毒药物和抗生素等药物、清洁用具等必备用具。

第五节　饲养和管理

1. 分群饲养

雏野鸡出壳后在 24 小时内转入育雏室为宜。按雏野鸡体质强弱分别组群，剔除病、残和畸形的雏野鸡。

育雏期间一般要进行 3 次分群。第一次分群在进雏时进行，立体笼育应注意将弱雏安置在笼的上层，因上层温度较下层高，更有利于弱雏的生长发育。第二次分群在 7 ~ 10 日龄时，结合疏散饲养密度和接种疫苗等工作进行。第三次分群在脱温转群时进行。

2. 抗应激性训练

出壳后的雏野鸡在 1 ~ 3 日龄内通过人的频繁接触和各种声音、光照变化等刺激，可防止以后出现过于剧烈的应激性反应。工作人员不要穿鲜艳服装。

3. 饮水

野鸡出壳后 12 ~ 24 小时（长途运输不要超过 72 小时）即可饮水，俗称"开水"。及时供给雏野鸡的饮水对提高雏野鸡的成活率和促进幼雏健康生长有重要作用。

野鸡育雏阶段，要供应清洁的饮水，确保不断水。寒冷冬季饮水温度不低于20℃，炎热季节尽可能提供凉水。第一次饮水，先供给用凉开水兑制的 0.01% 高锰酸钾溶液或糖水。

雏鸡不懂饮水时，可以教饮，即抓一只健壮的雏野鸡，将喙浸到水槽中沾上水，雏野鸡很快就会饮水，其他雏野鸡也会效仿。饮水器的槽面开口不宜太阔，盛水不宜太深，以防止雏野鸡溺水。要保持饮水器四周垫料干燥，并保证每天24 小时供应饮水。

4. 饲喂

雏野鸡首次喂料称为开食，饮水 1 ~ 2 小时后即可开食。将饲料用水调制得干湿适中，然后少量均匀地撒在垫纸上，用手指轻轻敲打垫纸诱雏采食。开食过早，会影响雏野鸡的休息，影响雏野鸡的整齐度，常造成消化不良；开食过晚，易发生失水和体质虚弱。

第一天开食即可喂玉米面粉拌熟鸡蛋黄（100 只雏野鸡每天加 3 ~ 4 枚蛋），2 日龄后即可混入一半粗蛋白为27% 以上的全价配合饲料。饲料应是全价的营养成分和高质量的蛋白质，参考配方见表4-2。

表4-2　0~4周龄饲料配方　　　（%）

饲料种类	Ⅰ	Ⅱ	Ⅲ	Ⅳ	Ⅴ
玉米	40	41	36.3	39.1	39.2
高粱	3	—	—	—	—
麦麸	2.7	3	5	5	5
豆饼	35	37	42	37	40
进口鱼粉	12	—	3	8	12.5
国产鱼粉	—	13	—	—	—
酵母	5	4	8	5	—
豆油	—	—	3	2.7	1.0
蛋氨酸	—	0.3	0.4	0.4	—
骨粉	1	1.7	1	2	1
贝壳粉	1	—	1	0.5	1
食盐	0.3	—	0.3	0.3	0.3
营养水平					
代谢能（MJ/kg）	12.05	12.13	12.63	12.38	12.30
粗蛋白（%）	28.0	27.6	29.1	26.8	28.6

　　3日龄后全换成全价料饲喂，雏野鸡最好采用湿喂法（用手握料成小团为宜），1~7日龄在垫纸上撒饲料，任其自由采食，第7天开始，逐渐改用食槽，让雏野鸡自由采食，同时在饲料中应拌1%~2%沙砾以帮助消化。饲喂次数：1~7日龄，每隔2~3小时喂一次，8~21日龄每天喂6次，21~30日龄为5次，31~60日龄为3~4次。饲料要保持新鲜，每次给料不宜过多，以吃好为宜。晚上9点熄灯，

不再饲喂，使雏野鸡休息。

一般雏野鸡随日龄增长，对饲料需要量逐渐增加，长至成体时，对饲料的需要量趋于稳定。野鸡 1～10 周龄饲料需要量见表 4－3。

表 4－3 野鸡饲料需要量 （克/只）

周龄	体重 (g)	每日料量	每周料量	累计料量	周龄	体重 (g)	每日料量	每周料量	累计料量
1	34.4	5	35	35	11	722	56	392	2156
2	55.7	9	63	98	12	798	63	441	2597
3	87.9	13	91	189	13	874	68	476	3073
4	134.7	17	119	308	14	925	70	490	3563
5	185	21	147	455	15	977	73	511	4074
6	260	25	175	630	16	1025	72	504	4578
7	346	31	217	847	17	1069	71	497	5075
8	445	37	259	1106	18	1111	71	497	5572
9	541	44	308	1414	19	1152	70	490	6062
10	636	50	350	1764	20	1191	70	490	6552

5. 适时断喙

在 14～20 日龄，结合疏散密度、分群、防疫等工作，50～60 日龄后再进行 1 次断喙。

断喙时只断上缘，不断下喙，断去上喙的 1/4～1/3，不超过 1/2，形成上喙短下喙长即可。要注意，断喙时切勿把舌尖切去。

指甲剪断缘：这种方法适于需断喙的野鸡数量较少的情况下采用。

烫烙断喙：在电炉或火炉上放一块铁片，待铁片烧至烫热，操作者一只手掌心向下，中指、无名指、小指捏住幼雏的两腿，拇指和食指固定翅膀以避免腿和翅膀乱动。另一只手也掌心向下，拇指和食指捏住其两眼眶部，将幼雏倒提起来烙喙。烫烙时喙尖在铁片上不住地划动，由于喙尖全部为角质，划动时有一种滑腻感，并发出一种角质灼烧的气味。随着喙的不断烙短，在划动时会发出"沙沙"的响声，这表明角质已全部烙尽，已发出喙的骨质与铁片摩擦的声音，达到了断喙的要求，可以结束烫烙。烫烙断喙操作时，一定要把野鸡幼雏的腿、翅膀固定住，并倒着提起来，以防止烫伤雏体其他部位。烫烙断喙可独立实行，但由于其断喙需时较长，往往用其作为其他断喙方法断喙后的止血的。用其他方法断喙后，只需将断喙后的喙尖在铁片上稍加烫烙即可止血。

断喙后要注意，往食槽中添加饲料必须数量足够，以防雏野鸡吃食时未愈合的伤口碰到食槽底产生疼痛而影响采食。

6. 防病灭病程序

（1）开水时饮0.01%的高锰酸钾水一次，以清理肠道。

（2）第3～6日龄，饲料中拌0.04%的呋喃唑酮（痢特灵），日喂2次，或用0.02%呋喃唑酮水让雏野鸡自由饮用，连续5天，防治鸡白痢、球虫病。

（3）第4日龄，每1000只雏野鸡每日用1.5克土霉素拌料，连续5天，防治球虫病、鸡白痢、禽霍乱、肠炎。

（4）第8日龄翼下针刺接种鸡痘疫苗，免疫期为4个月。用青霉素2000单位/只拌料，日喂2次，连续5天，起抑制和防治球虫的作用.

（5）第 10～15 日龄，用鸡瘟 II 系疫苗滴鼻，预防鸡新城疫。

（6）第 16 日龄，在饲料中拌 0.05% 土霉素，日喂 2 次，连喂 5 天，防治球虫病。

（7）第 18 日龄，每千克体重每日用喹乙醇 5～10 毫克，连喂 6 天，防治鸡白痢、霍乱、血痢。

（8）第 28 日龄左右，结合转群进行鸡新城疫 I 系疫苗注射免疫。

7. 日常管理

（1）每次进育雏舍，首先观察雏野鸡的状态。重点观察雏野鸡的精神、食欲、羽毛、粪便及行为等，发现异常，查明原因，及时采取相应措施。

（2）每隔 2 小时检查 1 次雏体周围温度，如不符合要求，要及时调整。

（3）定时通风换气。

（4）按时投料，不断供水。幼雏可通过喂食小青虫、小蚱蜢等昆虫来供应蛋白质营养。

（5）每天清理粪便，及时更换垫料。

（6）雏野鸡胆小、机警，应尽量避免其他动物如猫、狗的窜入，避免对雏野鸡引起应激反应或伤害；饲养和管理工作动作要轻，一般不要捕捉，以免引起惊群，致使横飞乱撞而发生伤亡。

（7）按时开关照明灯，既保证雏野鸡的光照需要，又确保雏野鸡睡眠休息好。

第五章　野鸡育成期的饲养

　　野鸡脱温后至性成熟前的这一阶段为野鸡的育成期（4~18周龄）。这一阶段正是野鸡长肌肉、长骨骼，体重的绝对增长速度最快的时期，每只日增重10~15克，至3月龄公野鸡的体重可达成年野鸡的73%，母野鸡则达成年野鸡的75%，4月龄则体形、体重接近成年野鸡。

　　育成期可分为中雏期和大雏期两个阶段。中雏，是指4~10周龄的雏野鸡，中雏期又称为育成前期；大雏是指11~18周龄的野鸡，大雏期又称为育成后期。

第一节　饲养方式

　　1. 立体笼养

　　以肉用为目的大批饲养野鸡，育成期采用立体笼养法。与立体笼养育雏相比，育成期野鸡的饲养密度应适当降低。30日龄时脱温，结合分群疏散密度，使饲养密度达到每平方米20~25只，以后每2周左右疏散一次使密度减半，直至每平方米达到2~3只。野鸡如笼养以肉用为饲养目的，应注意低光照，以减少啄癖。

　　2. 网舍饲养法

　　网舍饲养法就是在网舍内平面饲养育成期野鸡。不同情况下可采用不同的网舍。野鸡舍坐北朝南，每幢长25米、宽

5 米。北墙高 2.5 米，南墙高 2 米（也可不砌南墙），南面一侧建有与野鸡舍相连的运动场，运动场按长 25 米、宽 3 米、高 2 米的规格用木柱搭成，并罩上网（尼龙网或铁丝网）。每幢野鸡舍及其相连的运动场用尼龙网平均分隔为 5 间。运动场天网及用于分隔的网，网孔规格为 2 厘米 × 2 厘米。每间野鸡舍北侧留出高 1.7 米、宽 0.6 米的工作间，每间野鸡舍内用竹、木等制成与野鸡舍大小相适应的栖架。这种规格的野鸡舍每间可饲养育成期野鸡 150~200 只。这种网舍的野鸡舍如部分建有南墙，可用于饲养 30 日龄以上的野鸡。如未建南墙，只有在日最低气温不低于 17℃~18℃ 的情况下，才能用于饲养 30~60 日龄的野鸡。如是饲养 60 日龄以上的野鸡，或饲养育成期野鸡期间温度不低于 17℃~18℃ 的季节，则野鸡舍可以不建南墙，甚至东、西墙也不建，或者干脆建成露天网室。露天网室可设避风屏障和防雨小棚，防雨小棚下设栖架供栖息。

　　网舍饲养法为育成期野鸡提供了较大运动空间，可以增加肉用野鸡的野味特征，使种用野鸡繁殖能力提高，是培育健康种群的有效途径之一。但要注意，30 日龄的野鸡移到网舍内进行育成期饲养和管理，此时野鸡的主翼羽已生长齐全，人室后由于环境突变，易因突然起飞而撞死撞伤。所以在入网舍或网室之前，应采取将主翼羽每隔两根剪掉 3 根的办法，以防止因环境突变引起野鸡扑飞而撞死撞伤。网舍饲养法还应在网室内或运动场上设沙池，供野鸡自由采食和进行沙浴。

　　3. 散养法

　　野鸡为野生珍禽，具有野性，善于捕食昆虫类动物，喜食谷粒、豆粒、杂草种子和植物的幼嫩茎叶，具有较强的集群性，具有就巢性能，即便经过人工多代驯养的美国七彩山鸡，也仍未丧失这些习性。因此可以根据这些习性，充分利用森林、薪炭林、丘陵、山坡和牧场等资源条件，建设 1000~2000 平方米笼网圈，进行散养野鸡。笼网圈的高度为 2.3 米。

　　为防止野鸡因受惊而飞逸，可断羽断翅后再放养。断羽方法同网舍饲养法中介绍的方法。断翅在野鸡出壳之后立即进行，方法是用断喙器切去左或右侧翅膀最后一个关节。断翅要注意防感染和止血。散养的方法可用于 60 日龄以后的野鸡。如果野鸡达 30 日龄，外界气温达 17℃~18℃，则野鸡脱温后即可开始散养，放养密度为 1 平方米 1 只。散养法饲养管理比较省力，同时，野鸡基本栖息在野外环境中，活动范围大，相互干扰少，卫生条件好。又有足够的投给饲料和饮水，还能自由啄食天然动植物食物，有利于快速生长。这种饲养方法的最大优点是散养的野鸡具有野味特征，深受消费者青睐。凡是有上述资源条件的地方，都可采用这种方法，尤其是昆虫资源丰富的地方更理想。

第二节　育成前期的饲养管理

　　进入育成前期，雏野鸡由育雏舍转入育成舍，除应做好转群工作、减少应激外，还要注意日粮的变换。日粮中蛋白质含量由育雏期的 25%~27%，降至 22%~25%。要降低动物性蛋白质饲料的比例（一般占饲料的 8%~10%），增加植物性蛋白饲料量。玉米、高粱、小麦麸可占饲料的 40%~50%。白菜、胡萝卜、青苜蓿、水草等青饲料可挂在网室上供野鸡食用，可占日粮体积的 30% ~ 40%；糠麸饲料（麦麸、高粱糠、稻糠、玉米糠等）可占日粮的 10% 左右（表5 -1）。育成前期，野鸡虽已脱温，但若环境温度较低，则需要加温，如在阴雨天等。

表 5 - 1　野鸡 5 ~ 10 周龄（中雏）饲料配方　　（%）

饲料种类	I	II	III	IV	V
玉米	53	53	47	51	50
高粱	—	—	5	5	5
麦麸	6.7	6	6	—	5.7
豆饼	30	28	30	28	25
进口鱼粉	6	—	—	—	7
国产鱼粉	—	9	8	10	—
酵母	2	3	2	4	5
骨粉	1	1	1	1	1
贝壳粉	1	1	1	1	1
食盐	0.3	—	—	—	0.3
营养水平					
代谢能（MJ/kg）	12.18	11.9	11.92	12.26	12.8
粗蛋白	22.3	22.1	22.1	22.4	22.0

1. 合理饲喂

采用干喂法，喂干粉料或颗粒料，每天 3 ~ 5 次或自由采食。饮水器和食槽要保证每只野鸡至少有 1.5 厘米长的饮水位距和 4 厘米长的采食位距。

2. 转群

转舍前应先将育成舍清扫消毒后再铺上垫草，然后用百毒杀或3%的来苏尔消毒，之后再把雏野鸡从育雏室转入育成舍。同时结合转群进行第一次选种，将体形、外貌等有严重缺陷的野鸡淘汰。

3. 确定密度

地面平养时，室内每平方米可容纳10～12只，运动场的面积比室内面积大2～3倍，包括运动场面积在内，每平方米可容纳2只，以每群200～300只为宜。

笼养时每平方米20～25只，以后每2周左右疏散一次使密度减半，直至每平方米达到2～3只。

4. 预防啄死和撞死

产生啄癖的原因很多，如圈舍光线过强、饲养密度过高、疾病。饲料中营养缺乏（如缺少蛋白质、某些必需氨基酸、矿物质和维生素等），饲养管理不当（如食槽、饮水器不足，饲喂时间不固定，长时间高温饲养、强弱混养），不能满足野鸡沙浴的习性，运动不足，野鸡对红色敏感（看到外伤出血就去叮啄，形成禽血癖）等。

解决恶癖的最有效方法：首先是断喙，其次是及时疏散密度，提供足够大的饲养面积，避免野鸡之间互相干扰、争斗。三是圈内挂青菜，诱引鸡群叮菜，分散其啄羽、啄肛的精力；或者在育成网舍内种植一些玉米等作物，既可起到防雨、遮阴的功能，又可减少叮啄现象的发生。四是在9～11周龄时，在饲料中加入1%的羽毛粉或添加2%的生石膏粉。五是适当补喂青菜和青草。六是配备足够的食槽、水槽及产蛋箱，保持周围环境安静，育成雏按强弱、大小、性别分开饲养，及时隔离已啄伤的野鸡（用0.01%的高锰酸钾溶液清洗伤口并涂上紫药水，或在伤口处撒上云南白药粉，有良好止血止痛效果），舍内光线不可过强（最好采用暗红色的光或白光）等。

中雏阶段，野鸡翅膀越来越发达，容易受惊飞撞，尤其秋末冬初撞死现象增多，在下霜后更严重。为了防止野鸡撞死，除保持环境安静和加强驯化外，可把一侧初级飞羽剪掉，破坏野鸡飞行的稳定性；网舍建筑也不宜过高，因高度越大，野鸡飞翔时速度越快，撞击力越大；谢绝外人参观，以减少外界因素对野鸡的干扰。

5. 运动

雏雉转到中雏舍后，使其在室内和运动场里自由活动。运动场的面积要比室内面积大2～3倍，以平均每雉占地0.5平方米较合适。如遇暴风雨，雏雉争先恐后拥挤堆在一起，互相踩压，加上雨水浇淋，容易造成大批死亡。因此，饲养员要及时掌握天气情况，遇到这种天气时，立即把雉群赶到室内，避免不应有的损失。

6. 野性驯化

野鸡要从中雏开始加强驯化工作，野鸡的驯化方法主要有：

（1）利用条件反射：把吹口哨与投食结合起来，驯化野鸡能听到哨声即到固定地点等待取食。

（2）食物引诱：用青菜或其他食物引诱，驯化野鸡，使之不怕人，愿意接近人。

（3）固定服装颜色：饲养员服装的颜色要固定，并且不穿鲜艳的服装，使野鸡和人建立感情，逐步达到驯化目的。

美国七彩山鸡的野性较小，驯化程度高，更适于家养。如遇阵雨，及时把野鸡赶回房舍，以免被雨灌死，或因淋雨感冒。这样，经常驱赶驯化野鸡，使之形成一定的条件反射。转群 3 周以后，不论白天、黑夜均应敞开鸡门，如遇风雨袭击，野鸡就可以自己到室内躲避，夜晚也会自己到室内休息，白天则可自由地在舍内、舍外活动、栖息。

　　7. 卫生和防疫

　　要求与育雏期大体一致，但需要大量干燥、清洁的垫草，垫草不能发霉，要经常晾晒或用甲醛熏蒸。如果条件允许，在野鸡睡觉的地方，铺一层草垫子，第二天早上把鸡粪晾干敲掉备用，可保持清洁及节省垫草。做好防疫工作，中雏舍应谢绝参观，杜绝外来人员及野兽进入中雏舍。

第三节　育成后期的饲养管理

　　大雏一般在露天网室内饲养，日粮中蛋白质水平一般为 16%～17%，主要使用植物性蛋白饲料，玉米、高粱、小麦占日粮的 50%～55%，糠麸类饲料占 10%～14%。

　　1. 适时分群

　　大雏由育成舍转入网室后，要进行第二次选种，并根据性别、大小、体质的强弱进行公母分群饲养，以便生长均衡。同时根据母野鸡的存栏数，在青年公野鸡中选择体重在 1.1～1.5 千克，胸宽、体质健壮、发育整齐、雄性强的个体组成种公野鸡群。选出体形大、胸宽深、繁殖体况好的母野鸡组成繁殖母鸡群。

　　2. 控制密度

　　育成后期野鸡的饲养密度为每平方米 1～1.2 只，每群 100～200 只为宜。公母野鸡分开饲养。

　　3. 正确饲喂

　　采取干喂法，60～90 日龄每日喂 3 次，90 日龄以后喂 2

次。留作种用的野鸡，饲料不要喂得过多，特别是 2~4 月龄，避免喂得过肥。网室内应设风雨小棚和充足的饲槽、水槽。

4. 减少撞死

大雏阶段，啄死现象较少，但撞死现象较多，应注意管理，加强野性驯化，防止撞死。

5. 卫生防疫

要注意小棚和网室的卫生，每天清扫一次圈舍，及时更换垫草，给野鸡创造干净而舒适的环境。网室内要有沙浴或用河沙铺垫整个网室，厚度为 5 厘米左右。

第四节　商品野鸡的饲养管理

商品野鸡最好采用终身制野鸡舍进行饲养。终身制野鸡舍饲养的商品野鸡最好采用育雏伞进行平面育雏，喂料一般采用雏鸡料盘或料槽，使用小型塔式饮水器饮水。育成商品野鸡最好采用自动给水、给料设备。

1. 密度合适

育肥初期（5~11 周龄），每平方米 10~12 只，以后按公母、强弱、大小分群饲养，使其密度逐步降至每平方米 6~8 只。

2. 合理饲喂

野鸡在 8~18 周龄时，生长速度较快，容易沉积脂肪，在饲喂管理上应采取适当的催肥措施。采用原粮饲喂的，可适当增加玉米、高粱等能量饲料的比例。饲喂鸡饲料的，可购买肉鸡生长料，并要保证有充足的饮水。可给育肥鸡添加占饲料 10%~20% 的青饲料，一般每天饲喂 4~6 次，饲喂量不宜过多。

3. 适当运动

育成期的商品野鸡适应性较强，除了到固定房舍采食、饮水外，其余时间基本都在运动场。但运动量不能过大，所以应利用野鸡舍的隔网分出不同的运动面积，随着日龄的增加逐渐增大运动场的面积。

4. 防啄癖、惊飞

育肥野鸡舍内外均应放置栖架，供野鸡飞攀栖停，这样不仅充分利用了养殖空间，还有利于减少啄癖。高密度饲养中，野鸡容易发生啄羽、啄肛等现象。发现有被啄伤的野鸡，应将其提出隔离饲养，并在伤口处涂紫药水或樟脑软膏。防啄癖的具体措施参见"育成前期的饲养管理"。

为防因惊飞而出现撞伤或撞死，可剪掉野鸡一侧初级飞羽。网舍建筑不宜过高，尽可能保持场内安静，谢绝参观，以减少外界因素的影响。

5. 卫生防疫

野鸡舍应每天清扫，每周用百毒杀等消毒剂消毒 1 次。野鸡 8~9 周龄进行新城疫 II 系疫苗（按注射用量的 2 倍）饮水接种。育肥期间若遇连绵阴雨天气，应在饲料中添加 0.04% 的土霉素或其他抗生素，以预防禽霍乱或球虫病的发生，一般投药 1 周，停 1 周后再投药 1 周。及时清理粪便，水槽、食槽要定期刷洗、消毒，发现病、弱野鸡要及时隔离饲养，保持环境安静，谢绝外人参观。

第六章　种用野鸡饲养管理

　　成年种野鸡多采用网舍饲养。由于种野鸡成年以后个体达到最大，需要较大活动空间，需要降低饲养密度，如将育成期网舍（运动场）的高度增至2.5米、宽度增加4~5米，使宽度达到7~8米。成年种野鸡也可饲养在大网笼内，笼长4米、宽2米，高不低于1米，每个网笼可饲养一个繁殖群（交配繁殖期）。

第一节　饲养条件

　　1. 温度、湿度

　　种野鸡适应性较强，夏季可耐受35℃以上高温，冬季能耐受-20℃的严寒，因此种野鸡对温度要求不太严格。但繁殖期的温度不宜过高，否则会影响种母野鸡的产蛋量、受精率及种公野鸡的交配能力、精液品质。夏季应在种野鸡网舍上用帘子遮阴，避免阳光直射。种野鸡网室内湿度不宜过大。雨天要及时排除舍内积水，也可在种野鸡运动场内铺一层细沙。

　　2. 光照

　　野鸡在非产蛋期对光照没有严格要求。产蛋期最好用弱光连续光照，若采用间断光照，每天光照时间以16~18小时为宜。产蛋箱安放在光线较暗的地方。

（1）春季产蛋光照：春季配种组群后开始进行光照，第一周每天光照 12 小时，以后每周再在原有基础上增加 0.5 小时，直到每天达 16 小时光照为止，保持到产蛋结束。

（2）当年第二次产蛋期光照：当春季产蛋群产蛋率下降到 8% 以下，即开始实施暗光期程序。种公母野鸡饲养于完全遮光房舍内，采用每日 8 小时光照和 16 小时黑暗的饲养方式，实施 8 周，此期要防止中暑现象。完成暗光程序后，又开始增加光照，第一周每天 13 小时光照，以后每周增加 0.5 小时直到 16.5 小时为止。

（3）春孵雏野鸡，秋季产蛋光照：挑选出体形好的后备野鸡，达到 22 周龄时，与 2 年的公野鸡组群配种，同时开始光照，23 周龄每天 13 小时光照，以后每周增加 0.5 小时，直到增加至 16.5 小时光照。

3. 密度与分群

种野鸡产蛋期，平均每只野鸡应有 1～1.2 平方米的活动面积。密度过大，则野鸡之间互相碰撞摩擦，互相叼啄种蛋，使种蛋破损率增加；产蛋期公野鸡常争偶斗架，在小范围内，缺少躲避回旋余地，易损伤种公野鸡；饲养密度大，则野鸡群不易安静，母野鸡不能安静产蛋。在非繁殖季节（即换羽期、越冬期和繁殖准备期），每只种野鸡有 0.8 平方米左右活动面积即可。

每年秋天（10 月）按优良种群的要求，在当年每一批育成野鸡群中，选择合格的公、母野鸡作为种用，将公、母野鸡分别组群饲养，并在次年春天（2～3 月）进行强弱分群，择优去劣，每群 60～100 只。到了繁殖期，公母在适当时机，按适当比例合群。因为群体大小对产蛋量和受精率均有影响，如网舍饲养一般50~60只为一群，网笼饲养则为一个繁殖群（7只）。繁殖期一过，除淘汰掉的种野鸡，继续留作种用的野鸡仍应公、母分开组群饲养。

4. 食槽和水槽

每只种野鸡应占有4~6厘米长的食槽，水槽长度3~4厘米。水槽、食槽摆放的位置要分散而固定，保证所有的野鸡都有采食饮水的机会。

5. 饲喂

种野鸡在交配、产蛋期，饲喂次数应满足其无顿次性的特点，少喂勤添，保证供料充足。

种野鸡在休产期，喂食时间和次数要相对稳定，夏天日喂3次，采用湿喂法；冬季采用干喂法，日喂2次，以防饲料冻结而影响采食。饲料的营养结构和饲料的投喂量，要满足种野鸡的需要，保证饮水供给。

6. 饲养环境

野鸡对环境变化非常敏感，饲养管理的变化及特殊音响都能引起野鸡惊群、炸群。因此，要求做到如下几点：

（1）管理要定人、定时、定工作程序。

（2）要谢绝参观，以免参观者的喧哗和鲜艳的着装，刺激、惊扰野鸡群。

（3）不轻易捕捉野鸡，接种防疫、分群、断喙、疏散密度等工作应尽可能地结合在一起进行。

（4）关好圈门，做到不跑野鸡，不串群，以及防止其他动物钻入。

（5）及时清理野鸡食槽内的剩料，并定期（每周2次）将食槽、饮水器彻底清洗消毒。

（6）注意观察野鸡的精神、食欲、粪便等，如有异常状态出现，及时分析病因，及早采取防治措施。

第二节　繁殖准备期的饲养管理

当野鸡达到性成熟（约 10 月龄，公野鸡比母野鸡性成熟迟 1 个月左右）后即进入繁殖准备期，每年通常在 2～3月。美国七彩山鸡发情较当地野鸡早，其繁殖准备期及繁殖期应提前 0.5～1 个月。

1. 公母野鸡合群

成年野鸡平时是公、母分群饲养，只有到繁殖季节才合群。因为公野鸡比母野鸡提前半个月发情，如果公野鸡放入过早，母野鸡尚未发情，使母野鸡惧怕公野鸡，以后即使母野鸡发情也不愿意交尾，从而降低受精率；公野鸡放入过晚，由于公野鸡间互相争斗，过多地消耗体力，而影响交尾和受精率，同时也影响野鸡群的安定，使母野鸡产蛋量降低。一般在母野鸡开产前 15 天合群。公、母野鸡的配偶比例一般为 1:(5～6)，群体以 50～60 只为适宜。

2. 饲喂

为促使种野鸡尽早达到繁殖体况，饲料必须是全价配合饲料。日粮中的蛋白质水平可提高到 18%～20%，同时降低糠麸类饲料的比例，添加多种维生素及微量元素添加剂，补喂多汁饲料，如萝卜、大葱、麦芽等，以增强公野鸡的体质。但应注意热能类饲料不可多喂（即超过需要），防止过肥而推迟产蛋或难产。繁殖准备期采用干喂法，每天饲喂 2～3 次。

3. 做好产蛋前的准备工作

全面检修野鸡舍，搞好清洁卫生和消毒工作。网室地面垫上 5～10 厘米厚的细沙，以供野鸡沙浴和防止打蛋。产蛋前不应断喙、投药、接种疫苗等，以免影响母野鸡的开产日龄及产蛋量。开产前，在野鸡舍中靠墙边避光处设置产蛋箱，箱内铺少量木屑或干草，让野鸡尽量将蛋产在箱内。产蛋箱可设计为 3 层阶梯形，每层底部均呈 5 度倾斜角，使蛋产出后自然流入集蛋槽内。

第三节 繁殖期的饲养管理

1. 光照

对产蛋期的野鸡，一般每天光照时间为 16～18 小时。但夏季要在运动场上遮阴，防止阳光直射。人工补光按离地 2 米高处每平方米 3 瓦灯泡。

2. 调整日粮

野鸡在繁殖期交配和产蛋，需要较高的蛋白质水平，并注意维生素和矿物质的补充。日粮中蛋白质水平为 21%～22%，夏季蛋白质水平提高到 23%～24%。日粮中鱼粉可占 10%～12%；植物性蛋白质饲料可占日粮的 20%～30%，主要包括豆饼（粕）、花生饼、大豆等；酵母占日粮的 3%～7%；青绿饲料应占日粮的 30%～40%；骨粉、贝壳粉等含钙饲料占 5%～7%，可单设含钙饲料槽，不与饲料混合饲喂，让野鸡自由采食，每只每天饲喂 3 次。要随时观察采食情况，如食欲不好，采食量下降，可能是发病预兆，应及时查明原因，采取相应措施。夏季要保证水的正常供应。

3. 确立"王子鸡"

公、母野鸡合群后，公野鸡间经几次争斗确立"王子鸡"。在拔王过程中，最好人为帮助确定"王子鸡"的优势地位，使拔王早完成、早稳群。但为避免王子鸡独霸全群母鸡，可在网室设置屏障，以遮挡"王子鸡"的视线，增加其他公野鸡交尾的机会。一般用市售石棉瓦横放在网室内，每100平方米放 4~5 张。

4. 防暑降温

夏季气温高，应采取搭棚、种树、喷水等措施来降低环境温度，适当增加饲料中维生素 C 的含量。产蛋期野鸡对饮水的需要量要比平时多，特别不可断水。

5. 收集种蛋，防止啄蛋

野鸡 4 月中旬开始产蛋，6 月份进入产蛋高峰期，可在网室的阴暗处设置产蛋箱，驯化野鸡进箱产蛋。一般每 3~4 只母野鸡备一个产蛋箱。每隔 1~2 小时拣蛋 1 次。

为防止叼、啄蛋，应保持环境安静，放置好产蛋箱或窝，看好开产后的第一枚蛋，以利于减少破损蛋。对破损蛋应及时将蛋壳和内容物清除干净，以免养成食蛋癖。

6. 提高野母鸡产蛋率的方法

（1）每天每只鸡喂 1 克蜂蜜，方法：用水将蜂蜜稀释后，分早、晚 2 次拌入饲料中。

（2）将蝇蛆按 10% 的比例掺入饲料中，每天喂 2 次。

（3）喂蚯蚓粉，添加量为 4%~8%。

（4）减少 10% 的日粮，增加 20% 的蚯蚓粪。

（5）饲料中加入 3%~5% 的羽毛粉。

（6）饲料中添加 6% 的蚕蛹粉。

（7）每只野鸡每天喂 5~8 条活蚯蚓。

（8）饲料中加入 5% 的松针粉。

（9）饲料中加入 3% ~5% 的花生壳粉。

（10）饲料中适当加入绿萍。

（11）饲料中加入红辣椒粉和苜蓿粉各 1%，再加入少许植物油。

（12）饲料中加入 2% ~3% 的酵母。

（13）饲料中添加 3% ~6% 的豆科草粉。

（14）将黄豆爆炒后磨成粉，按 6% 的比例掺入饲料中。

（15）换羽期的日粮中加入 2% 的锌（如硫酸锌），连续喂 7 天。

（16）饲料中加入 3% ~5% 的膨润土粉。

（17）用 0.05% ~0.1% 的硼砂水溶液拌入饲料内。

（18）日粮中添加 5% 的沸石粉。

7. 其他管理工作

（1）地面要铺垫好细沙，可缓解蛋与地面的撞击力，降低种蛋的破损率及污染率。

（2）及时清除粪便，清洗食槽及水槽，食槽、水槽每天用微红色高锰酸钾水刷洗 1 次。一般每 2 周对种野鸡网舍和产蛋箱进行一次消毒。注意圈舍卫生，雨后及时排除积水，保持圈舍干燥，防止疾病发生。将每只野鸡蛋按 1 万国际单位青霉素兑入饮水中饮用，每周 1 次，可防治鸡白痢、大肠杆菌等。

（3）创造一个安静的产蛋环境，抓鸡、拣蛋的动作要轻要稳，做到不惊群、不炸群。保持此期群体的相对稳定，严禁惊吓鸡群。随时注意观察产蛋行为，发现难产，及时助产。勤拣蛋，减少破损蛋。

（4）温度低于5℃时，会影响野鸡产蛋和正常生长。因此，温度低于5℃时，应采取加温措施，可用塑料大棚和煤火等，并处理好保温和通风之间的关系。

（5）地产野鸡产蛋期间死亡率较高，达15%左右，可适当减少公野鸡数，并断去公野鸡的1趾及4趾的爪尖，防止配种时抓伤母野鸡。

（6）种公野鸡一般用一年，种母野鸡可用2年，因此要合理利用种野鸡。

第四节　换羽、越冬期的饲养管理

产蛋结束后开始换羽（8~9月），饲料中蛋白质水平可降至18%~19%，但要保证含硫氨基酸的供给。试验证明，在饲料中加入1%的生石膏粉，有助于新羽再生。换羽期的种野鸡一般每天饲喂3次。同时应及时淘汰病、弱野鸡，以及繁殖性能下降或超过种用年限的野鸡，留下的种野鸡应将公、母分开饲养。当种野鸡群大部分已停产换羽时，可对鸡舍进行彻底消毒、接种疫苗和驱虫。

换羽结束后，野鸡进入越冬期限（10月~翌年1月）。日粮中能量饲料应占日粮的50%~60%，蛋白质占日粮的15%~17%，主要是植物性蛋白饲料。若青饲料不足，可用青草粉代替维生素和微量元素添加剂。每天饲喂2次，上、下午各1次。冬天可在中午用谷物料补饲1次，补饲量为日粮的三分之一，并保证供给充足的饮水。

对种野鸡群进行调整，通过转群和整群，选出育种群。对种野鸡进行断啄，进行鸡新城疫Ⅰ系苗接种（肌内注射）。

越冬期保温不仅是种野鸡安全越冬的需要，也有利于开春后种野鸡早开产和多产蛋。保持种野鸡舍干燥和适当通风，暖和天气多让野鸡在网室内运动，多晒太阳，呼吸新鲜空气，为繁殖准备期及繁殖期打下良好的基础。

第七章　野鸭的饲养管理

第一节　雏野鸭的饲养管理

野鸭的育雏期是指雏野鸭出壳至脱温为止的生长阶段（一般为 1～30 日龄）。雏野鸭出壳时体重为 32～45 克，绒毛稀少，体质较弱，体温调节能力差，消化器官功能不健全，消化能力差，因此需要精心管理，对保温工作要多加注意，防止贼风侵袭，避免因温度低而出现扎堆死亡现象，才能提高育雏成活率。

一、育雏方式

野鸭的育雏方式主要有箱育雏、地面平养、网上平养和立体笼养 4 种。

1. 箱育雏

箱育雏就是在育雏室内用木箱或纸箱加电灯供热保温的方法育雏。育雏箱长 100 厘米、宽 50 厘米、高 50 厘米，上部开两个通风孔。将雏野鸭置于垫有稻草或旧棉絮的育雏箱中，60 瓦的灯泡挂在离雏野鸭 40～50 厘米的高度供热保温。如果室温在 20℃ 以上，挂 1 盏 60 瓦的灯泡供热即可；如果室温在 20℃ 以下，则要挂 2 盏 60 瓦的灯泡供热。雏野鸭吃食和饮水时，用人工将其提出，喂饮完后再捉回育雏箱内。

如果室温过高，需打开育雏箱的顶盖。不论白天、晚上育雏箱都要盖上一层蚊帐布，以防蚊叮；如不打开箱顶盖，其上的通风孔也应盖上一层蚊帐布。如果室内温度过低，通过在育雏箱上加盖单被来调节箱内温度，但要注意定时开箱换气。箱育雏设备简单，但保温不稳定，需要精心看护，且效率较低，仅适于农户饲养少量野鸭。

2. 地面平养

地面平养就是在铺有垫料的地面上饲养雏野鸭。这种育雏方式最为经济，简单易行，无需特殊设备，是目前中小型野鸭场和农村专业户普遍采用的方式。缺点是雏野鸭直接与垫料和粪便接触，卫生条件差，易感染疫病，要占用较大的房舍面积。另外，为保持垫草干燥，需要经常翻动和更换垫草，劳动量较大。

地面平养的育雏房要有适宜的地面，最好是水泥光滑地面，兼有良好的排水性能，以利于清洁卫生。

地面平养要用育雏围栏（材料用竹围栏、木板、纸板或铁皮均可）在育雏室内围成若干小区。育雏围栏的高度一般为50厘米左右。育雏围栏围成小区的长与宽取决于所采用的保温设备及每群育雏数量。用方形或伞形保温器保温（保温伞直径100厘米左右），一般情况下小区的长与宽为1.5～2米。如果室温较低，可直接将育雏围栏围在保温器伞盖下方，以护热。小区的大小与保温伞盖的覆盖范围相当。

地面平养需要在育雏围栏围成的小区地面上铺垫料。垫料可采用锯末、刨花、稻壳、稻草和麦秸等。无论何种材料做垫料，都必须新鲜、干燥无霉变，稻草、麦秸需铡成5～10厘米长。垫料厚度根据育雏期管理的特点而定。地面平养常采用更换垫料育雏和加厚垫料育雏两种方法。更换垫料育雏是将雏野鸭养育在铺有 5～6 厘米厚的清洁而干燥的垫料上，当垫料被粪尿污染时，要及时用新垫料予以更换。加厚垫料育雏是在地面上先铺一层熟石灰后，铺上 8～10 厘米厚的垫料层，当垫料被粪尿污染后，及时加铺一层 4～5 厘米厚的新垫料，直到厚度增至 20 厘米为止，此法不更换垫料，垫料在育雏结束时一次清除，可省去经常更换垫料的繁重劳动，同时减少野鸭的应激；垫料发酵产生的热源，可供雏野鸭取暖。

3. 网上平养

网上平养即在离地面 50 厘米高处架上铁丝网，在网上饲养雏野鸭。网上平养是野鸭育雏最成功的方式，由于野鸭的排泄物直接落入网下，雏野鸭基本不与粪便接触，从而大大减少病原感染的机会，尤其是对防止球虫病和肠胃病有明显的效果。网上平养不用垫料，减轻了劳动量，但网上平养造价较高。

工厂化野鸭场，常用大群全舍网上平养幼雏或大群围栏网上平养幼雏，但小型野鸭场及农村专业户，一般可采用小床网育。网床由底网、围网和床架组成。网床的大小，可根据育雏舍的面积及网床的安排来设计，一般长为 1.6～2 米、宽 0.6～0.8 米，床距地面高度为 0.5 米。

采用网上平养，要求育雏室内温度能满足雏野鸭的需要。育雏室内温度可通过地下烟道、暖气、煤炉、电炉及红外线灯等取暖设备供热来实现。

4. 立体笼养

立体笼养就是在立体多层重叠式笼内育雏。立体多层重叠式笼由笼架、笼体、食槽、水槽和承粪板组成（具体制作参阅第4章野鸡育雏）。立体笼养和网上平养一样，要求对整个育雏室供热，以提高室温育雏。

二、育雏前的准备

野鸭育雏之前必须充分做好各项准备工作，这是育雏成功的关键措施。育雏前的准备包括以下几个方面。

1. 拟定育雏计划

明确每批育雏的数量，并结合实际情况确定育雏方式，然后根据育雏数量和育雏方式提出需要育雏舍面积、保温设备和其他育雏设备的规格和数量，并根据育雏数量和育雏时间准备饲料、垫料和药物等消耗物质。正式育雏前还要制订免疫计划、育雏管理的具体操作规程，并明确专人负责。

2. 育雏舍和设备的维修

育雏舍在进雏前要进行全面的检测，如房顶是否漏雨，门窗是否严密，墙壁尤其是门窗之间有无裂缝，墙角有无鼠洞等，如有问题应加以维修。此外，房顶要有天花板，门窗必须加铁丝网以防敌害侵入。进雏前要检查、维修取暖保温设备和饲养设备（如网床、育雏笼、保温器等），其周围边缘应整齐，以减少伤残。

3. 饲料和垫料的准备

育雏前必须贮备足够量的预混饲料等，还要准备足够量的垫料，并经阳光曝晒（干燥和消毒）。

4. 育雏舍的清理与消毒

（1）清舍：进鸭前1周，必须清扫育雏舍灰尘、料屑等脏物以及育雏室周围环境的杂物，然后用2%的氢氧化钠溶液喷洒育雏舍墙壁和地面，以及育雏室周围。

（2）清洗：将食槽和饮水器具浸泡在来苏尔溶液中洗刷消毒，并用清水冲洗干净，晾干备用。

（3）消毒：将育雏所用的各种工具放入育雏舍内，然后关闭门窗，用甲醛熏蒸消毒。熏蒸时要求鸭舍的湿度在70%以上，温度在20℃以上。消毒剂量为每立方米用甲醛溶液42毫升，再加入高锰酸钾21克。1~2天后再打开门窗，通风晾干鸭舍。

5. 预热试温

育雏鸭对外界温度的变化比较敏感，1周龄内的雏野鸭在环境温度低于28℃时表现为扎堆、厌食等症状，不仅影响雏野鸭的生长发育，而且引起雏野鸭的高死亡率。所以，雏野鸭舍的升温和保温直接影响雏野鸭饲养的效果。

（1）升温设备：雏野鸭舍升温的方法有电热供暖、锅炉供暖、热风炉供暖、煤炉供暖和地炕供暖等。电热育雏伞主要用于平养育雏，一般在育雏伞周围设护栏，利于保温和防止雏野鸭离开热源。锅炉供暖是大型野鸭场通常采用的加热形式。烧煤炉和地炕供暖一般用于小型和个体野鸭场。烧煤炉比较脏，烟筒必须保证不能漏气。地炕供暖，鸭舍外烧煤，鸭舍内无污染，空气质量较好。

（2）升温时间和温度要求：雏野鸭进舍前24小时必须对鸭舍进行升温，尤其是寒冷季节，温度升高比较慢，鸭舍的预热升温时间更要提前。雏鸭舍的温度要求因供暖的方式不同而有所差异。采用育雏伞供暖时，1日龄时伞下的温度控制在34℃~36℃，育雏伞边缘区域的温度控制在30℃~32℃，育雏室的温度要求24℃。采用整室供暖（暖气、煤炉或地炕)，1 日龄的室温要求保持在 29℃～31℃。

6. 铺好垫料

地面平养需要在水泥地面铺上 8 厘米厚的垫料（每平方米约 5 千克）。垫料一般要在鸭舍第二次消毒前铺好，最迟应在进雏前 24 小时铺好。垫料要求干燥、无霉菌、无有害物质、吸水性强。如稻壳及切成长 10 厘米左右的麦秸或稻草都是较好的垫料。刨花可引起脚底慢性疾病和胸部囊肿，不宜使用。使用锯末作垫料需要在育雏的前几天在锯末上铺上一层报纸，以免雏野鸭啄食锯末。

7. 其他准备

要准备好消毒药物和抗生素等药物，以及滴管、针筒、针头、钥匙、胶布、纱布和消毒盒等。清洁用具（竹扫把、软扫把、刮粪工具、粪铲、斗车）、水桶、料盆和磅秤也是必备工具。

三、雏野鸭对生长条件的要求

1. 温度

温度是育雏成败的重要条件。野鸭幼雏绒毛稀而短，体温调节机能不健全，对于温度非常敏感，因此，育雏期要人工保温。

幼雏出壳后 5 天内的保温工作尤为重要，这个阶段是幼雏的"鬼门关"，如果忽视保温环节，死亡率高达 50%，甚至全群覆没。加强保温环节，给雏野鸭提供稳定而适宜的温度，能有效地提高成活率，有利于生长发育。

保温方式要根据饲养数量和具体条件而定。有一定规模的养殖场，可根据具体情况，采用地下烟道、暖气、电热丝、煤炉、保温器和红外线灯等取暖保温。

野鸭育雏需要的温度，一般1日龄的温度是34℃左右，以后每隔1天（即每2天）降低0.5℃，1周龄以后每3天降低1℃（表7-1）。

育雏温度，保温器育雏是指距离热源50厘米的地方离地5厘米处的温度，笼育或网育则是指网上5厘米处的温度。育雏保温要根据具体情况灵活掌握，不能生搬硬套，一成不变。总的原则是：小雏宜高，大雏宜低；小群宜高，大群宜低；早春宜高，晚春宜低；阴天宜高，晴天宜低；夜间宜高，白天宜低。35天后脱温转群，转群后仍用短期保温（用红外线灯等），以便使雏野鸭逐步适应外界条件。

表7-1　野鸭育雏的适宜温度

日　龄	育雏器温度（℃）	室内温度（℃）	日　龄	育雏器温度（℃）	室内温度（℃）
1	34	30~28	25~27	28~27	22~21
2~5	34~33	29~27	28~30	27~26	21~20
6~9	33~32	28~26	31	25	20~19
10~13	32~31	26~25	32	24	19~18
14~17	31~30	25~24	33	23	18~17
18~21	30~29	24~23	34	22	18~17
22~24	29~28	23~22	35	21	18~17

2. 湿度

育雏的适宜湿度是：1周龄内为65%~70%，2周龄为60%~65%，2周龄以后为55%~60%。进雏前1~2天就应将育雏室内湿度调至适宜水平。用地下烟道和煤炉供暖育雏时，要注意防止育雏室内过于干燥。若室内湿度过低，可喷洒清水于地面，室内挂湿毛巾或在火炉上放水壶，通过水蒸气的散发调节湿度。南方及潮湿季节要注意防潮，以免育雏室内空气相对湿度过大。

3. 通风换气

育雏期室内温度高，饲养密度大，雏野鸭生长快，代谢旺盛，呼吸快，需要有足够的新鲜空气。另外舍内粪便、垫料因潮湿发酵，常会散发出大量氨气、二氧化碳和硫化氢，污染室内空气。育雏时往往重视保温而忽视通风换气，尤其是无经验者，唯恐温度达不到而密闭育雏室，污浊的空气排不出去，新鲜空气换不进来，严重影响雏野鸭的健康，使之易于感染呼吸道疾病，以至造成死亡。所以，育雏时既要保温，又要注意通风换气以保持空气新鲜。

在保证一定温度的前提下，应适当打开育雏室的门窗通风，增加室内新鲜空气，排出二氧化碳、氨气等不良气体。一般以人进入育雏舍内无闷气感觉、无刺鼻气味为宜。在冬天育雏和育雏前期（3周龄前），可在育雏舍安装风斗（上罩布帘）或纱布气窗等办法，使冷空气逐渐变暖后流进室内。3周龄后，可选择晴暖无风的中午，开窗通风透气。通风换气要注意避免冷空气直接吹到雏野鸭身上，也忌间隙风，以防其着凉感冒。育雏箱内的通气孔要经常打开换气，尤其在晚间要注意换气。

4. 光照

适宜的光照能提高雏野鸭的生活力，促进生长发育，育雏的光照有自然光照（太阳光）和人工光照（灯光）两种。阳光对于雏野鸭的生长发育极为重要，它可提高雏野鸭的生活力，刺激食欲，促进维生素 A 和维生素 D 的合成，促进生长发育；阳光还可以杀菌，使室内干燥温暖。如室内晒不到阳光或自然光照不足，可在饲料中添加维生素 A 和维生素 D，或增加青饲料（瓜皮、菜叶等），或进行人工补充光照。1～7 日龄，一律实行 20 小时至全日光照；8～14 日龄采用 16 小时光照；15 日龄以后公雏实行 12 小时光照，母雏则进行 14 小时光照；而商品肉用野鸭自 8 日龄起可实行 20 小时光照。光照度为每 10 平方米用 1 个 20～25 瓦灯泡即可，但光照度要均匀一致。

此外，黄光、青光易导致野鸭发生恶癖，而橙黄、红、绿光则不易使野鸭发生恶癖。因此，应注意光源发出的光线性质。

5. 密度

密度是指单位面积容纳雏野鸭的数目。地面饲养的饲养密度：0～7 日龄，15～20 只/平方米；8～14 日龄，10～15 只/平方米；15～21 日龄，8～10 只/平方米；22～49 日龄，6～8 只/平方米。离地网养的，饲养密度可加倍。

一般体形大的品种密度应小些，体形小的品种密度可大些，日龄小可密些，日龄大宜疏些；冬季可密些，夏季宜疏些。

调整密度时，可结合大小强弱分群一起进行。立体笼育，则应将弱小的雏野鸭放在笼的上层，较强壮的雏野鸭放在下层，因上层温度相对较高，利于弱小幼雏生长。

6. 环境

野鸭幼雏对环境刺激反应敏感，要注意育雏环境安静，管理工作要有规律。育雏舍不允许参观和无关人员进入，以免干扰雏野鸭休息和带来传染病原。

四、科学的饲养管理

1. 分群

将强弱大小不同的雏野鸭分群，可防止强欺弱、大欺小，确保雏野鸭群的均衡生长，又便于对弱小野鸭给以特殊饲养。一般每群以 100 只为宜。随着日龄增长，可将野鸭群逐渐合并，利用野鸭喜群栖的特性，进行大群饲养，减少饲养和管理的工作量。

2. 饮水

雏野鸭出壳后 4 小时内应供给饮水，俗称"开水"、"开饮"、"潮水"。出壳后的幼雏还有一部分蛋黄未吸收，这部分营养物质需要 3～5 天才能基本吸收完毕，饮水能促进对这些营养物质的吸收利用，这对幼雏的生长发育有明显作用。饮水还可以补充在孵化过程中胚雏所丧失的水分，刺激食欲，促进胎粪排出，并有助于饲料的消化和吸收。如不及时饮水，幼雏会因蛋黄未充分吸收等原因而绒毛发脆，影响健康，甚至脱水死亡。

野鸭育雏阶段要充分供应清洁的饮水。饮水温度，寒冷冬季应不低于20℃，炎热季节尽可能给雏鸭提供凉水。第一次饮水，可结合防病和补充营养的需要，在饮水中加入适量的药物（如0.02%的土霉素、0.01%的高锰酸钾）及添加剂（适量复合维生素和5%～8%的葡萄糖）。

3. 开食

雏野鸭首次吃食称为开食。开食一般在开饮 2～3 小时后，雏野鸭有索食要求时进行。同批雏鸭，出壳时间有差异，开饮、开食时间应有区别，即使是同一时间出壳的雏野鸭，也应根据实际情况，将不宜开食的雏野鸭单放，待时机成熟再进行开食。

地面平养，可将饲料撒在厚纸板上或纸盘上，让雏野鸭采食；网养或笼养，在铁丝网上铺几层柔软、清洁的草纸，饲料可撒在草纸上。如果饲养数量少，可将饲料用水调匀，捏成条后用手拿着让雏野鸭啄食，这样可培养野鸭不怕人的习惯，改变其胆小易受惊的习性。同时可给予一定的信号，让野鸭形成条件反射。

开食时可按 200 只雏野鸭 500 克大米计算食量。先将大米煮成半生半熟，捞出米饭用冷水浸一下去掉黏性，然后拌入鱼粉和豆饼（鱼粉为每千克大米 25 克，豆饼为每千克大米 50 克）。拌好的料要做到既散又湿，且撒到雏鸭身上不黏，也可采用加水的湿粉料或碎粒料饲喂。

开食时间最好安排在白天，以便雏野鸭看见饲料，否则应将饲料放在灯光明亮处。开食当天，要求全天供料。

4. 饲喂

开食后的第二天，便进入正常的饲喂管理工作。

（1）饲喂次数。2～5 日龄，每天 8 次，6～10 日龄，每天 6 次，11～16 日龄，每天 4～5 次。17 日龄以后每天喂 4 次。作种鸭时，20 日龄后，基本让其整天在野外寻食，早上补喂 1 次。

（2）饲料。开食后的前 3 天内，采用开食一样的饲料。3～5 日龄内，喂给熟米饭，并掺入约 1/3 的配合饲料，以后逐渐增加配合饲料，同时加入适量维生素、抗生素以及切碎的青菜、水草等。6～10 日龄，可配合喂些青绿饲料以及小鱼、小虾、蚌肉、蚯蚓、黄粉虫等鲜活动物，以满足其野生食性的需要。11～20日龄，喂水泡的糙米，掺入1/2的混合饲料。21日龄后，可全喂混合饲料。30日龄以后，饲料中适当减少鱼粉、豆饼的比例，逐渐增加粗饲料至15%～20%。同时要喂足青绿饲料，如各种菜叶、青草和水草等。55日龄后，要减少粗饲料，增加鱼粉、豆饼、小鱼、小虾、蚌肉、蚯蚓、黄粉虫等用量，同时也要喂足青绿饲料。

（3）饲料用量。要少给勤添，保持不断料，让雏野鸭自由采食。喂料量以当天吃完为度，最好不留料底，以免饲料污染，也可以避免雏野鸭挑食。每天要清除1次剩余饲料，并清洗食槽。日喂料量可参考如下数据：1～14日龄，20～40克/只；15～30日龄，50～70克/只；31～40日龄，约100克/只；60～70日龄，约150克/只。

5. 放水

野鸭喜水，所以野鸭出壳后3～7天就须进行放水。

刚出壳的雏鸭不能放水，但待其羽毛干后，可向雏鸭的身体喷细雾水，以便雏鸭自己整理羽毛。由母鸭孵出的雏野鸭在出壳后的第三天，即可由母鸭带领下水戏耍。人工孵化的雏鸭应在7日龄适时放水。

放水一般在采食后进行。将雏鸭放在育雏室内的小水池或浅盆内戏水，每次下水时间不宜过长，一般为3～5分钟。每天2次，上、下午各1次。放水后，应在太阳下晒一会，待羽毛干后回舍。25日龄开始，选晴天上午10时后放到野坪、鸭滩，学习水上运动。30日龄后放入深水中自由活动。

6. 防疫卫生

（1）清洁卫生工作，主要抓三个方面。

①用具卫生。食槽和水槽每天要洗刷、清洗 1 次，保持各种养禽用具的清洁卫生。

②饲料清洁。饲喂的湿料，放置时间太长容易酸败，应予处理。为避免饲料污染，每天至少清除 1 次食槽中的剩余饲料。

③环境卫生。经常开窗通气，每天上午、下午要清扫粪便，尤其是雏野鸭休息的保温器积粪较多，更要注意打扫干净。要及时更换或加厚垫料，以防止球虫病等疾病的发生，尤其是饮水器的周围垫料最易潮湿，更应注意更换或加厚垫料，以保持干燥。

（2）消毒工作。①每次育雏开始之前或结束后，必须彻底清扫，清除粪便和杂物，育雏室先用清水洗净后以 2% 的烧碱（氢氧化钠）水冲洗 1 次，墙角和墙脚洒石灰水，布置育雏室内设备和用具后，用甲醛熏蒸消毒；②食槽与饮水器，要定期用 2% 的氢氧化钠溶液消毒；③饮用水消毒。饮用河水或井水，最易带入病原，应有过滤装置处理，并用漂白粉消毒或每周饮含万分之一高锰酸钾的水 1 次；④青菜等青饲料，应以清水或含万分之一高锰酸钾的水洗净后，才能饲喂。

（3）防疫。野鸭幼雏的防疫工作与家鸡相同，以接种鸡新城疫苗和鸡痘疫苗为主，留种的还要接种马立克氏病疫苗，并注意预防球虫病、白痢病等。0～30 日龄野鸭幼雏药物防病和免疫程序见表 7-2。

表 7 - 2　0～30 日龄野鸭幼雏药物防病和免疫程序

日龄	药品名称	投药方式	配比及用途	作　用
1	高锰酸钾	饮水	0.01%	清理胃肠道
	马立克氏病疫苗	皮下或肌内注射	0.2 毫升/只	预防马立克氏病
3～6	呋喃唑酮	拌料	料量的 0.04%	预防白痢病
7～10	新城疫 II 系苗	滴眼或滴鼻	1:10 稀释，每只用 1 毫升的注射器滴 1 滴	预防新城疫病
	土霉素	拌料	料量的 0.05%	抑菌、预防球虫
30	新城疫 I 系苗	肌内注射	1:1000 稀释，每只注射 0.5～0.7 毫升	预防新城疫病

第二节　青年野鸭的饲养管理

　　青年野鸭的育成阶段（31～70 日龄）是生长发育最快的时期，平均每只鸭每日增重量最大。至 40 日龄，身上羽毛基本生长完成，仅头后还留有一点绒毛。在良好的营养和管理水平下，60 日龄可达体重增长的最高峰，需要较多的营养物质。这一阶段的野鸭觅食能力、消化能力以及对外界温度的适应能力都大大地增强了，一般可在鸭舍里常温下生活，如遇气温突变可酌情采取保温措施。

　　育成野鸭一般采用舍饲饲养方式。舍饲时应在鸭坪和水上运动场上加天网和围网，以避免逃飞。饲养密度为每平方米 8～10 只。野鸭群的大小一般 500 只左右为宜。

一、投喂饲料

　　野鸭在育成阶段体重增长最快，对饲料的需要量增加也很快，同时其食欲和消化能力显著增加，耐粗饲，可减少谷类饲料和动物性饲料等精饲料，适当增加糠、麸类饲料、水草和青绿饲料，但不能缺少矿物质和维生素。尤其是在 40～60 日龄应实行限制饲喂，即适当减少蛋白质饲料和能量饲料，另增糠、麸、水草和青料等粗饲料，可使野鸭野性发作推迟和控制体重，既减少了由此造成的损失，又可节约饲料。否则，野鸭体内脂肪迅速积累，激发其飞翔野性发生，导致吵棚。

　　野鸭饲喂最好坚持在户外，以保持野鸭舍清洁卫生。采用配合饲料，定时定量，日喂 3～4 次，日投料量为其体重的 5%。投喂量一定要保证每只鸭都能吃到食，而又无剩料。如果是作为后备种鸭，应酌情增加青绿多汁饲料，用量约占喂料量 15% 左右，以适当控制体重。产前 30～40 天日粮配比，粗料占 55%～70%，粗料占 20%～30%，精料占 10%～15%，控制荤料，以防早产。

　　野鸭作为肉用菜鸭上市，一般在 65 日龄前后填饲育肥，即人为地强迫绿头野鸭吞食大量的高能量饲料，使其在短期内迅速长肉和积蓄脂肪。一般经过 15 天左右填饲，至 80 日龄前后，平均体重 1 千克以上就可上市销售。填饲育肥的绿头野鸭肉质鲜美，柔嫩多汁，提高了商品价值。填饲育肥饲料要求含碳水化合物水平较高，粗蛋白质以 14%～15% 为宜。填肥开始前，按体重大小和体质强弱分群饲养。分群时，为了保证填肥鸭的外观质量，应将公母鸭的脚趾甲剪掉，以免互相抓伤。最好将鸭群按公母分开填饲，因为公鸭的生长速度比母鸭快。填饲的最初几天不要喂得太饱，以防造成食滞，待野鸭习惯后，再逐日增加饲量。填饲后，要确保充足的饮水，每天除保证育肥鸭半小时的水浴时间外，尽量减少运动。填饲时间每昼夜 4 次，即上午 9 时，下午 15 时，晚上 21 时，清晨 3 时。填饲分为手工填饲和填饲机填饲。

1. 手工填饲

将配合饲料加适量开水调成面糕状，也可搓成小丸状。填喂时轻轻将鸭子捉住，用两腿夹住鸭体下部，左手大拇指和食指捏住野鸭的上颚，中指压住舌的前部，其余两指托住鸭的下颚，右手取饲料填入鸭嘴，直到填饱为止。

2. 填饲机填饲

填鸭料主要用水稀料，即将混合饲料用水调制成稠粥状，料水各占一半。填饲初期水料可稀一些，后期应稠一些。为了便于填鸭，先把水稀料焖浸约 4 小时，用填饲机搅拌均匀后再进行填饲。夏季高温时不必浸泡饲料，防止饲料变质，或只进行短时浸泡。开始时的填饲量以每次 150 克水料（水料比 62:38 或 56:44）为宜，8 天后每次填饲水料 350～400 克。凉爽季节，在鸭群消化良好的状态下，每次填饲水料可适当增加 2%～10%。

二、其他管理

1. 运动与洗浴

7周龄后，一般晚上也可不关在鸭舍里，让其自由栖息过夜。

2. 防止吵棚

吵棚是指 60~70 日龄的野鸭，由于体内脂肪增加和生理变化，野性发作，激发飞翔。鸭群表现为骚动不安，呈神经质状，似无饥饿感，采食锐减，导致体重下降。预防方法：①限制饲喂，增加粗饲料喂量；②饲养员在网栏内忌穿花衣服；③避免惊扰鸭群，尤其要避免外人进入。

3. 野鸭选种

按雌雄（4~6):1 的比例选种。要求雌野鸭体大、健壮、灵活。选留出来的种野鸭另行饲养。

第三节 成年种野鸭的饲养管理

野鸭在出壳后 70 日龄即进入成鸭阶段。性成熟期，公野鸭约在 150 日龄，母野鸭在 150~160 日龄。每年 2~5 月为早春第一个产蛋期，也是产蛋高峰期，产蛋量占年产蛋量的 65%；8~12 月为第二个产蛋期，产蛋量占年产蛋量的 35%。这一阶段，种鸭生命力较强，对饲料的消化吸收功能也已完善，而体形的变化和体重的增加却相对较少，管理的关键措施就是限饲，以避免因体重过大、过肥或过早性成熟而影响产蛋。群体规模以每小群 200 只左右为宜，最多不超过 500 只。

成年种野鸭在产蛋前和休产期，采用育成期种野鸭相似的饲料和饲喂方法，只需根据体重等情况，酌情改变饲喂量。产蛋期要采用种野鸭的饲料配方，并根据体重变化和产蛋量调整日喂量，任其自由采食。产蛋期的饲料要注意补充钙质，增加青绿饲料，以满足其对钙质、维生素和微量元素的需求。

一、公野鸭的饲养管理

公野鸭的选择标准为体质健壮，性器官发育健全，性欲旺盛，精子活力好。选留的公野鸭要比母野鸭大 1～2 月龄，到母野鸭开产时公野鸭正好达到性成熟。在采食过程中，公野鸭争食凶，十分好斗，导致公母野鸭采食不均匀，体重不齐，所以公母野鸭在育成阶段要分开饲养。配种前 20 天公母野鸭才混合饲养。

在限饲开始前和育成结束时，集中淘汰残弱种野鸭。其他时期对不合格的种公野鸭，如体形发育不完善、体重太小或太重、腿部畸形、精神状态萎靡等，应随时予以淘汰。

二、饲养密度与配种比例

1. 饲养密度

15 周龄之前 6～8 只/平方米，15 周龄以后不超过 5 只/平方米。正常情况下，每平方米的饲养面积可养种鸭 2～5 只。

2. 配种比例

种野鸭配种比例通常受季节、饲养管理条件、雌雄合群时间的长短，以及种野鸭年龄等因素的影响，生产中应根据种蛋的实际受精情况调整，在交配产蛋期一般按 1∶(4～9)

的公母比例混群饲养，以确保种蛋受精率。

3. 利用年限

种野鸭的利用年限一般为 1～3 年，其中第二年的产蛋量最高，第一年和第三年次之。

三、光照

种野鸭 20 周龄时，第一天增加光照时间 1 小时，以后每天增加光照 0.5 小时，直到育成期末每日 16 小时（包括自然光照和人工补充光照）为止，以后恒定 16 小时光照。种野鸭有在黑暗中产蛋的习惯，不要在产蛋的集中时间给予光照。早晚补充人工光照 2～3 小时。

鸭舍内光照度以每平方米 5 瓦为宜。灯泡悬吊高度离地 2.2～2.5 米，灯泡之间的距离为灯泡距离地面距离的 1.2～1.5 倍，灯泡至鸭舍边的距离约为灯泡之间距离的一半。灯泡的功率 25～40 瓦。

四、产蛋箱

根据母野鸭数配备产蛋巢，通常每 3～4 只应有 1 个产蛋箱，规格为 40 厘米×40 厘米×40 厘米，每个产蛋箱由 5～6 个产蛋巢组成。产蛋箱用木板或白铁皮制成无顶无底的卧式框架，中间用挡板隔开，在框的前下方钉一宽 10 厘米的长木板，一方面用以固定蛋巢；一方面防止种蛋滚出。

蛋巢内铺设约 10 厘米厚的干燥清洁的垫草，垫草可以用碎麦秸，也可以用稻草。垫草尽量柔软。产蛋箱的位置一般在鸭舍内靠墙根的地方，不要妨碍开关门窗，不要妨碍人员及鸭子行走。

条件差的野鸭场，产蛋箱可采取因陋就简的办法，在鸭舍内离墙根 40 厘米的地方，用砖围成长条形，高度为 2～3 块砖，中间不必有隔栏，或者用稍粗的竹竿围起来，铺上 10 厘米厚的垫草即可。

五、饲养

1. 限饲饲养

限制饲喂可以适当控制种野鸭的性成熟期，在不限饲或限饲效果不理想的情况下，种野鸭最早可以在 17 周龄产蛋，而这时的蛋重较小，且公野鸭可能还没有完全性成熟，所产的蛋不能留作种用。前期开产早会影响后期的产蛋量，因此应适当控制种野鸭的性成熟日龄。通过限饲可以延迟种野鸭的性成熟期，使种野鸭适时开产，并有理想的前期蛋重和理想的种蛋受精率。

将日粮中的蛋白质含量降至 15%～16%，饲料中加入稻糠等纤维素含量较高的饲料，给料量一般为自由采食的 70% 左右。限饲期间每天仅饲喂 1 次，或隔日饲喂 1 次，也可以每周饲喂 5 天，总的饲喂量不变，要求每次所有的野鸭都能同时吃饱。

2. 定时、定量喂料

野鸭每只日平均耗料 110 克左右，日喂料 3 次，一般在清晨 6 时、下午 16 时及晚上 22 时饲喂，高产期夜间加喂 1 次。夏季要提高饲料浓度，饲料要现拌现喂，不喂变质料。产蛋期间及时添骨粉、贝壳粉、鱼肝油、蛋氨酸、酵母粉、维生素 E 粉等。

六、其他管理

（1）要注意保持环境安静，避免惊扰野鸭群。

（2）注意鸭舍通风换气，冬季防寒，夏季防暑。

（3）水是种野鸭交配的良好场所，因此要早放鸭，迟关鸭，增加种野鸭户外活动和水上运动时间。水池的两侧或一侧设置遮阳设施。

（4）及时捡蛋：母野鸭产蛋多在后半夜，夏季稍早，大约在凌晨 0~2 时；冬季稍晚，在 2~4 时。如饲养管理得好，产蛋会比较集中。饲养员要及时捡蛋，通常每半小时至 1 小时捡蛋 1 次。

（5）防逃：野鸭成年后鸭坪应配置天网，以免其受惊扰后逃逸。

（6）做好各种疫苗的免疫注射，避免发生疫病。

第八章　野鸡、野鸭场的建筑与设备

野鸡、野鸭场的栏舍及一系列孵化、育雏、饲养管理设备是养殖野鸡、野鸭的基本条件之一。只有科学地规划布局，搞好禽舍建筑，选购先进设备，才能有利于提高劳动效益，有利于防疫和降低成本，取得好的经济效益。

第一节　场址的选择及建筑布局

一、场址的选择

1. 地势高燥

禽舍应建在阳光充足、地势高燥、沙质地、排水良好，地势稍向南倾斜的地方。山区、丘陵地区应选择背风向阳，面积宽敞，地下水位低，地面稍有斜坡，通风、日照、排水都良好，并可避免冬季西北风侵袭的地方，为禽舍保温创造条件。

2. 交通方便、又有利于防疫

场址适中，应靠近消费地，但不能设在交通要道或河流附近，最好距离交通要道 2 千米以上。场址选择没有养过牲畜和家禽的新地，与市场、屠宰场、家禽仓库、居民点等尽可能要远一点，单独修筑道路与要道相通，道路要平整。

3. 水源充足

水源要有保证，选址要根据生产规模计算出夏季最大耗水量，水质要清洁卫生。没有自来水水源的禽场，最好打深井取水，且水源离畜禽舍的距离要适中，不易被污染，池塘水未消毒一般不能饮用。

4. 排污

一个相当规模的野鸡、野鸭场，每天排出的粪便数量是相当大的，建场前一定要考虑污水的排放和粪便集散问题，野鸡（野鸭）场粪便处理，最佳方案是农牧结合。

5. 电源可靠

电是养禽场使用的主要能源，不仅正常的照明需要，尤其是孵化、育雏及自动给料等更不可缺少。较大养殖场最好自备电源，以应付临时停电。

二、建筑布局

1. 各类建筑的布局原则

（1）利于防疫。根据禽场周围环境的情况，如风向、地势等，布局时应尽量避开或减少外来污染。禽场内部则根据雏鸡、鸭及成年鸡、鸭容易发生疫病的特点，合理安排孵化室、育雏室、育成舍、成年鸡（鸭）舍的排列顺序。育雏室应建在上风方向，地势较高的地方。

（2）生产区和管理区要隔离。生产区工作人员要固定，不要让外来人员进入生产区。

（3）孵化室与鸡（鸭）舍分建。孵化室一般与场外联系较多，外来人员往来频繁，应建在生产区内靠近入口的地方。孵化室应与鸡（鸭）舍，特别是成年鸡（鸭）舍相距较远，否则孵化机换气时，容易将成鸡（鸭）舍的病菌带入孵化室，造成污染。

（4）料道与粪道分用。运输饲料和粪便的道路不要共用，尽量不要交叉，病死野鸡（野鸭）由粪道送出，粪道应选择场内偏僻的路线。

2. 场内布局

（1）办公、宿舍区。与野鸡、野鸭生产区应有 200～250 米的距离，既有利于防疫、又有利于环境卫生。办公室应设在最前面，入场要有消毒设备。

（2）禽舍前后布局。应根据主导风向，按照孵化室、育雏室、育成舍、成禽舍等顺序来设置。把孵化室和育雏室放在上风头，成年禽舍放下风头。

（3）饲料加工房。仓库应接近鸡舍，方便交通，但又要与禽舍保持一定距离，以利防疫。

（4）蓄粪池。应设在离人居住区和禽舍较远的地方，最好能距 400 米以上，且设在人居住区和禽舍较低的下风头，最好是封闭的。

（5）场区周围应设防疫沟或围墙。主要为了防止野兽窜入禽舍伤害禽群，传染疾病。设兽医室和化验室，地址最好放在办公室附近。

选址和布局，必须将上述要求综合考虑，绝不能片面强调某些条件，而忽视另一些条件。

3. 主要建筑简介

（1）孵化室。孵化室的总体布局和内部设计科学合理，是提高孵化率和确保雏野鸡、野鸭健康的重要条件。具体要求是：①孵化室应与外界隔离，工作人员和一切物品的进入，均须遵循消毒规定，以杜绝外来传染源；②孵化室的建筑材料应该有良好的保温性，以确保小气候的稳定；③孵化室应配置良好的通风设备，保持新鲜空气流通；④大型养殖场的孵化室应分设有种蛋检验间、熏蒸消毒间、储蛋间、孵化间、出雏间、洗涤间、幼雏存放间和雌雄鉴别间等。从种蛋验收到发送雏雉的全部过程，只允许循序顺进，不能交叉和逆返，以防相互感染疾病。

孵化室房舍的檐高一般为 3.1～3.5 米，室内天棚及墙壁应便于清扫消毒，地面要排水良好。

（2）育雏舍。是培育雏野鸡的专用房舍。由于人工育雏需保持稳定的温度，因此，育雏舍的建筑要求与其他禽舍不同，其特点是房舍较矮，墙壁较厚，地面干燥，房顶装设天花板，以利保温。同时，要求通风良好，但气流不宜过快，既保证空气新鲜，又不影响温度变化。在采用笼式育雏时，其最上一层应距天花板有 1.5 米的空间。

育雏舍的建筑可分为开放式和密闭式两种，应根据地区气候条件、育雏季节和育雏任务选用。

一般开放式的简单育雏舍，可采用单坡或双坡单列式（图 8-1），跨度为 5～6 米，高度约 2 米，北面墙壁稍厚，或留约 1 米通道，南面设置小运动场，其面积约为房舍面积的 2 倍。

密闭式育雏舍与其他密闭式禽舍的建筑要求相同，它是一种顶盖和四壁隔热良好、无窗（附设有应急窗）、完全密闭（有进、出气孔与外界沟通）的禽舍。舍内的小气候通过各种设施控制和调节，使之尽可能地接近禽体最适宜的要求。采用人工通风和光照，通过变换通风量的大小和速度在一定程度上控制舍内的温度和相对湿度，并能维持在一个比较合适的范围内。这种育雏舍采用笼式育雏较经济合算，虽

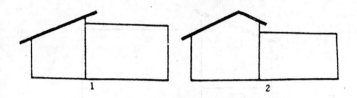

图 8 - 1　开放式简易育雏舍

1. 单坡单列式　　　2. 双坡单列式

然造价高，投资大，但能调节环境，常年可利用，密度大，成活率高。因此，许多大型养殖场采用封闭式育雏舍。

　　小型养殖场所采用的简易育雏舍，其取暖方法有多种，如地下烟道、砌火墙、电热丝取暖、保姆伞（伞形育雏器）、电散热器、白炽灯泡取暖等。

　　（3）中雏舍。中雏舍由保温用的房舍和运动场（网室）两部分组成。房舍和网室间设有出入门，两者的占地面积比例大致为1:2。网室地面要有一定的斜坡，以便于排水。

　　网室不宜过高，一般为1.7～1.8米；房舍前窗要低，以便于中雏出入运动场。后窗要小，以利采光并兼顾保温。网室网孔目以2厘米×2厘米为宜。网室材料可因地制宜，支架用钢筋、金属管，也可用木、竹等材料，支持线用铁丝或铁筋，网可用金属网、化纤渔网等，见图 8 - 2。

　　（4）成禽舍。成禽舍与种禽舍在结构上基本相同，因不需要具备保温房舍的条件，所以仅用支架及铁丝网或鱼丝网做成大网室即可。为使野鸡野鸭避风、防雨、防暑，在网室内一侧（一般为北侧）应设置避风雨小棚。棚内设栖架并在地面铺垫草。网室地面应铺一层细沙，同样要求有能排水的

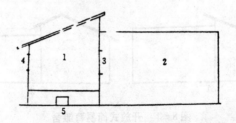

图 8 - 2　中雏舍剖面示意图

1. 房舍　2. 网室　3. 前窗　4. 后窗　5. 地下烟道灶口

坡度。

生产实践证明，转移禽舍对禽极为不利，轻则影响生长，重则发生疾病，特别是慢性呼吸道疾病。因此，目前国外较先进的雉鸡场都尽量减少转群程序，采用雉鸡终身制禽舍。

终身制雉鸡舍的组成与中雏舍相似，由房舍和网室组成。但网室尽可能大些，又称雉鸡运动场，根据规模及场地大小确定面积，一般房舍与运动场面积比为 1:10 ~ 1:20。

①房舍。房舍可建成单坡或双坡式，房舍内外结构，见图 8 - 3、图 8 - 4。房舍内可用网、木板、竹帘或砖墙隔成长宽各 4 米的小室，小室靠运动场一侧开高 1 米、宽 2 米的可开门，在育雏时此门封闭。每室安放一个保姆伞，平面育雏 700 ~ 900 只。舍内应能通电（电保姆伞用）或通煤气（燃气保姆伞用）。为育雏时保持温度和湿度，房舍高度还可适当降低，但工作时却不太方便，可根据具体情况处理。

②运动场。如图 8 - 5 所示，一是用长 2.4 米的支架材料（金属或木材），每隔 1.8 米打入地下一根，地上部分长 1.8

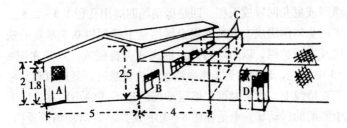

图8-3 终身制雏舍示意图（单位：米）

A. 房舍门 B. 雏出入运动场门 C. 隔成小运动场的悬网处
D. 出入运动场的双重门

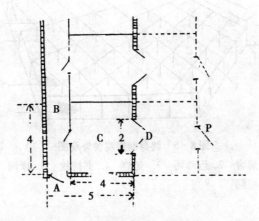

图8-4 终身制雏鸡舍内部平面图（单位：米）

A. 门 B. 过道 C. 育雏及中雏小室 D. 出入运动场门 P. 出入
大运动场门

米，地下部分0.6米。二是用10号铅丝做支持线，纵横1.8
米间隔交叉固定于支架上。三是在支持线上用金属网、化纤渔网或尼龙网罩成天棚。四是运动场四周用孔径 1.5～2.5 厘米的金属网围成。五是外周金属网壁下缘围以 0.3 米高的铁皮或木板护栏，以防雉鸡扒土逃逸或害兽侵入。六是在图 8-3 中 C 处，即距房舍 4 米或稍远处设置悬网。悬网可卷起悬于支持线上，放下时可以把运动场隔出不同的小网室，作为中雏期的运动场。七是在图 8-3 中 D 处，为运动场双重门，主要目的是防止雉鸡逃逸。

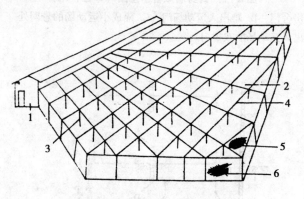

图 8-5　终身制雉鸡舍外观图

1. 房舍　2. 运动场　3. 支架　4. 支持线　5. 顶网
6. 壁网

　　（5）野鸭舍建筑特点。目前鸭舍建筑还无统一形式与标准，多以因地制宜，就地取材，坚固耐用，成本低廉而整洁为原则。要求通风良好，阳光充足，冬暖夏凉，要有荫蔽之处。

　　运动场平整，并有一定倾斜度，下雨不积水。运动场应比鸭舍面积大 1.5 倍，最好靠近水岸，向岸边倾斜，坡度

25～30度为宜，也可利用湖泊、河道和池塘等天然水上运动场，一般人工池面积按每平方米 15～20 只计算，池深 30～50 厘米为宜。

鸭滩，即鸭群上岸下水处，其距离为 3～4 米，鸭滩要平，坡度宜大，最好用砖砌成，以免过滑。

鸭舍垫料称鸭灰，一般用细砂，但产蛋间应用垫草。

鸭舍要高爽通风，鸭舍顶安装通气窗，坐北向南，离地40～60 厘米，多设地面窗户。炎热地区可搭草棚、围竹篱墙作为鸭舍即可。鸭舍、运动坪、鸭滩等处均需设围网。

第二节　主要设备

野鸡、野鸭养殖过程中，以提高劳动效率、获得好的经济效益为目的，必须采用结构合理、技术先进的饲养设备。

一、孵化设备

1. 电孵化机及出雏机

大型养殖场必须具备电孵化机及出雏机。目前生产的电孵化机大多数设有自动控温、控湿、报警和翻蛋等装置，具有孵化效果好、易于操作管理、孵化量大等优点。但要根据本场饲养规模，合理选择孵化机的容量及数量，以保证蛋贮存 10 天后即可入孵一批种蛋为宜。例如饲养 1000 只雌性美国七彩山鸡，应购置容量 1 万枚蛋的孵化机两台及容量 1 万枚蛋的出雏机 1 台，这样每 10 天入孵 1 次，当第一批种蛋孵化至 20 天时即移入出雏机，然后马上将第三批蛋入孵。若规模小，可采用孵化出雏两用机，但必须保证容蛋量能达到盛产期一个月产蛋的数量。

　　孵化机的附属设备应完善，在订制孵化机时，应订制孵化野鸡、野鸭专用孵化盘和出雏盘，以保证充分利用孵化器空间。

　　2. 照蛋器

　　市售照蛋器科学合理，且使用方便，但价格稍贵。小型个体养殖场可以用白炽灯泡、金属板等自制成手提式照蛋器。

　　3. 其他孵化方法的孵化设备（详见第二章）

二、喂料、饮水设备

　　1. 喂料设备

　　目前主要有供料道和食槽两大类，供料道在农村中小规模饲养条件下应用不多。食槽表面应光滑平整，嵌合严密，这样不致因黏附、撒漏饲料而造成浪费，又可避免因积垢而繁殖细菌，还便于采食和拆洗消毒。制作食槽的材料有木板、竹筒、镀锌板、无毒塑料等，常见的食槽有：

　　（1）饲料盘。饲料盘是圆形或方形的浅盘，用塑料、木板或铁皮制成，主要适用于雏野鸡（鸭）。盘边缘高 1.5 ~ 5.0 厘米，板材厚度 0.5 ~ 0.8 厘米，其他尺寸见图 8 - 6。

方形饲料盘　　　　　　　　　　　　圆形饲料盘

图 8 - 6　饲料盘示意图

每只饲料盘可供5日龄以内雏野鸡（鸭）30～40只采食用。

（2）条形食槽。条形食槽适用于育雏鸡以后各种日龄鸡群，根据制作材料、饲养方式和鸡龄大小，可设计成各种形状，如图8-7。

图8-7　各种条形食槽的横截面

不管食槽的横截面是何种形状，槽口两边都要向内弯折1.5厘米，以防止鸡啄食时将饲料带出槽外。平面散养方式，可在槽口上方正中8～10厘米处安装一根能滚动的圆木棒，以防止鸡立槽内。平养时食槽的大小和高度应根据鸡只大小确定，一般分大、中、小三种规格，分别用于饲喂雏鸡、青年鸡和成年鸡。食槽的规格与鸡龄大小的对应关系见表8-1。

表8-1　平养食槽的规格与鸡龄对应关系　（厘米）

尺寸 \ 日龄	长	宽	高	每只食槽供应鸡只数
雏鸡（30日龄前）	70～80	8	1.5～4	30
青年鸡（30～70日龄）	80～110	12	4	30
成年鸡	120	20～23	10～12	25

（3）吊桶式自动圆形食槽。又名自流式干粉料桶，由一个圆台形的无底桶和一个直径比桶稍大的浅底盘串联而成。

桶与盘用短链相连，可以调节桶、盘之间的距离。桶底正中置一锥形重物，使饲料在桶中由上而下向浅盘周围滑散。整个食槽的悬挂高度以底盘稍高于鸡背线为宜。养殖者可用适宜的废旧塑料、软铁皮器具自制。吊桶式自动圆形食槽的构造和尺寸见图8-8。

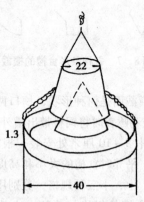

图8-8 吊桶式自动圆形食槽（单位：厘米）

桶上底直径22厘米，下底直径25厘米，桶身斜长40厘米；锥形体底面直径25厘米，斜长20厘米；桶下底距盘面约3厘米

无论采用哪种食槽，安装时都要注意食槽高度与野鸡的体形相适应，小鸡一般要求食槽上缘与鸡的胸部平齐，大鸡要求食槽上缘高于鸡背2厘米。过高会造成鸡采食困难，过低易使鸡将饲料带出槽外。

2. 饮水设备

野鸡（野鸭）的饮水设备种类很多，这里介绍长条形饮水槽和塔式真空饮水器。

（1）长条形饮水槽。可用木材、竹、铁皮、塑料等材料制成，断面有"V"、"U"、"凵"等形状。尺寸应与野鸡的体形相适应，可参照长条形食槽的尺寸制成大、中、小三种规格。

（2）塔形真空饮水器。由上部的圆桶和底部直径稍大于圆桶的圆盘组成。圆桶桶身必须不漏气，桶口平整，在离桶口2.5厘米处的桶壁上开1～2个小圆孔。圆盘直径3.5～5厘米。圆桶盛满水后，倒扣在圆盘上，当盘内水位低于小圆孔时，桶内的水会自动流入圆盘。这种饮水器结构简单、使用方便，适用于平面饲养和野雏鸡饲养。制作也很简单，养鸡者可利用废旧玻璃和塑料瓶、盘自己制作（图8-9）。

（3）盛水皿加竹栅栏饮水器。用一个盛水器皿（瓦缸、脸盆等）装水，把若干根细竹竿或木棍一端捆在一起，另一端散开等距离架设在盛水皿的周围。鸡可以将头从棍的间隙中伸进去饮水，身体的其他部位不能进入。这种饮水器适用于青年鸡和成年鸡的平养。

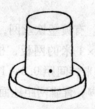

图8-9　广口瓶和碟子制成的塔形真空饮水器

（4）其他饮水器。乳头式、杯式、吊塔式饮水器由专业厂家生产，已在机械化养鸡场普遍采用。较有实力的中、大型专业户使用这几种饮水器有助于提高劳动效率。

三、保温设备及其他设备

育雏要求有较高的、稳定的温度，还须有温差，即热源附近温度稍高，周围温度较低，让雏鸡选择。目前农村养鸡专业户多采用地面垫料育雏，需要供温设备加饲喂用具即可。平面网上育雏，雏鸡疾病少、成活率高，设备要求也不复杂，建议广大农村养鸡专业户采用。

1. 保温设备

(1) 保温伞。分煤炉保温伞、电热保温伞两种，市场有售。煤炉保温伞适用于供电不稳定的地区，使用时须注意防止煤气中毒。电热保温伞适于供电正常地区使用。

(2) 红外线灯。在电力供应正常的地方，将市售的红外线灯安装在木板或金属管制成的十字架上，悬挂在育雏室或保温伞内。灯的悬挂高度一般离地 35～45 厘米，养鸡者可通过调节灯的悬挂高度来调节育雏室的温度。

2. 其他育雏设备

(1) 平面育雏网。有镀塑铁丝网，由专业厂家生产，也可用竹木条钉成 2 米×1 米的网板，根据育雏室面积铺设。竹、木条宽 2～2.2 厘米，间距 0.8～1 厘米。竹木条的棱角须刨圆，以免划伤鸡脚。育雏网距地面 60～70 厘米，清粪时掀起网板即可。

(2) 育雏笼。电加热育雏笼由专业厂家生产，由一节加热笼、一节保温笼和四节运动笼组成，育雏饲养密度高、管理效益高、雏鸡成活率高，适于中型以上养殖场和孵化专业户使用。

第九章　野鸡、野鸭常见病的防治

第一节　病毒性疾病的防治

1. 鸡新城疫

鸡新城疫是鸡的一种急性、烈性传染病，也是野鸡的常发病之一，雏鸡感染多表现为急性型，死亡率高达100%。

（1）病原。本病的病原体是属于副粘病毒科的一种病毒，主要存在于病鸡的气囊、气管渗出物和脑、脾、肺以及各种分泌物和排泄物中。该病毒的抵抗力较弱，在日光曝晒、煮沸及腐败环境条件下易被杀死。如加热至60℃时经30分钟、70℃时2分钟，100℃时几秒钟即可被杀死。但在阴暗潮湿、寒冷等环境条件下抵抗力较强。常用消毒药物有2%~4%的氢氧化钠溶液，3%来苏尔等碱性消毒药。抗生素及磺胺类药物对病毒无效。

流行病学：本病可感染各种年龄和品种的鸡，火鸡、鹌鹑及野鸟对本病也易感。该病感染无季节性，一般冬、春季节较多发。病鸡是主要的传染源。感染鸡的口、鼻分泌物和粪便、羽毛均带病毒，通过污染饲料、饮水、垫料、用具、地面等引起传染。自然感染时多在3~5天发病。

（2）临床症状。本病的临床症状表现为最急性型、急性型和慢性型。

①最急性型：一般是先有几只无明显症状的鸡在早晨僵死于鸡舍内，以后每天有鸡死亡，约经1周开始大流行。

②急性型：鸡在发病初期体温升高至43℃~44℃，全身无力，行动迟缓，不喜活动，食欲减退，精神委靡，羽毛粗乱并失去光泽，离群独立。有的病鸡腿部轻瘫，头颈缩起，尾部下垂，冠和肉髯呈深红色和紫黑色。母鸡停止产蛋，病初即有腹泻，粪便稀薄，呈黄绿色或白色。嗉囊内常有大量积液，口鼻的分泌物增加，常从口角流出。病鸡想要排出呼吸道的黏液，所以频频摇头，打喷嚏，咳嗽，同时张口，伸颈，呼吸困难，由喉部发出"咯咯"声响。不久即死，病程多为2~5天。

③慢性型：初期症状与急性大致相同，不久症状减轻而出现神经症状，不能站立，就地打转或倒退，头部下垂着地或向一侧翻仰，一般经10天左右死亡。

病死鸡的食管黏膜、腺胃乳头有出血点，严重时形成溃疡，多数病例在腺胃和肌胃交界处，有密集的出血点，形成血带。产蛋母鸡的卵黄膜和输卵管显著充血，卵黄膜极易破裂。

（3）病理剖检：最急性型剖检无明显变化，或仅在胸骨内面及心外膜有出血点。急性型表现为特征性败血性变化，消化道黏膜散布有大小不等的出血点，并有坏死和炎性变化，腺胃和肌胃交界处有条纹出血，肌胃角质层下有米粒大小的出血斑、坏死和溃疡，腹腔内脂肪和心脏冠状沟脂肪有明显的针尖大小的出血点，喉头和气管黏膜也有出血，肺有时可见淤血或水肿。

（4）预防：对本病主要是定期接种疫苗，发病后没有特效药治疗，只能加强消毒，搞好防疫隔离工作。因此，要定期进行鸡的新城疫的免疫接种。

2. 传染性法氏囊病

该病1957年最先在美国德拉华的甘布罗地区被发现，又称为甘布罗病，是由传染性法氏囊病毒引起的一种急性、高度接触性传染病。

（1）病原。本病病原属于双股核糖核酸病毒科的传染性法氏囊病毒，对乙酸、氯仿有抵抗力，加热60℃，经30分钟后仍有传染性，70分钟方可使其失去致病力。在体内主要存在于法氏囊等部位。

（2）流行病学。法氏囊病毒主要侵害和破坏野鸡（野鸭）的体液免疫中枢——法氏囊。使法氏囊降低或不能产生免疫球蛋白，导致鸡的免疫机能丧失。本病多发生于2～15周龄的鸡，3～6周龄最易发生。鸭传染法氏囊病多见于3～5周龄的雏鸭。病禽与带毒鸡（鸭）是主要传染源，病毒通过污染空气、饮水、饲料等使易感鸡（鸭）经消化道、呼吸道感染。本病潜伏期短，人工感染24小时后，就能发现法氏囊受到感染的组织学证据，2～3天出现临床症状。本病发病率高，几乎达到100%。通常感染后第3天发病开始死亡，第5至第7天达到高峰。以后逐渐减少，10日后基本停止死亡，发病和康复同样迅速，死亡率3%～6%，有时达20%左右。

（3）临床症状。该病急性发病时，病程带有一过性，病雏精神不振、羽毛松乱、行走不稳、喜卧、减食或不食，拉稀先为黄褐色黏稀便，后为白色水样稀便，病禽有脱水表现和轻度神经症状，死亡高峰一般在发病后5～7天。

（4）病理剖检。特征性眼观病变见于法氏囊。法氏囊明显肿大，可为正常的2～3倍，表面水肿发亮。脑肌、腿肌呈条状或块状出血，心冠脂肪点状出血，腺胃与肌胃或与食管交界处，有出血点或出血斑。有的腺胃乳头或其周围出血，脾稍肿，有出血点，胸腺充血、出血，小肠黏膜出血，盲肠扁桃体肿大、出血，肾稍肿，输尿管扩张，沉积有白色尿酸盐。

（5）防治。坚持预防为主的方针。鸡是本病的自然宿主，鸭对本病的抵抗力较强，但随着本病的流行、病毒的散播和毒力的增强，在一定的条件下，鸡、鸭间可发生交叉感染。因此，在防治本病时应引起重视。本病已广泛应用弱毒疫苗进行免疫接种，疫苗接种时，点鼻、点眼均可。

3. 鸡马立克氏病

鸡马立克氏病（MD）是一种由马立克氏病病毒（MDV）引起的高度接触传染的恶性肿瘤性疾病，主要危害鸡、火鸡、鹌鹑、山鸡等家禽。其特征是以内脏、肌肉、虹膜、性腺、皮肤及周围神经等形成肿瘤和淋巴浸润。它除了引起病禽死亡、屠体废弃和生产性能下降等方面的直接损失外，还由于导致患禽的免疫抑制，使机体对各种病原的抵抗力下降及对各种疫苗免疫的应答降低，致使机体并发或继发各种疾病，造成更大的损失。加上MD在世界各地的广泛存在，因此，各国均把MD视为养禽业最重要的疾病之一。

（1）流行特点。本病的传染源是病鸡和带毒鸡，病毒存在于病鸡的分泌物、排泄物、脱落的羽毛和皮屑中。病毒可通过空气传播，也可通过消化道感染。马力克氏病毒主要感染鸡，母鸡比公鸡易感染性高，1～3月龄鸡感染率最高，死亡率50%～80%。随着鸡月龄增加，感染率会逐渐下降。但是35日龄前的鸡也有感染，有个别产蛋鸡280日龄也有发生本病的，一般死亡高峰在开产前后，大约持续到240日龄左右。饲养期较长的鸡都有发生马立克氏病的可能。饲养期超过70天的鸡最好进行免疫，不足70天的鸡在饲养期中也要注意环境卫生，防止从场外引入本病。

（2）临床症状及病理变化。根据临床表现和病变发生的部位，可分为四种类型。

①神经型：病鸡坐骨神经麻痹，一只腿向前方，一只腿向后伸展，呈"劈叉"姿势。翅神经受损时，特征为两翅下垂；支配颈部神经受损时病鸡头下垂和斜颈。迷走神经受害时嗉囊麻痹或膨大，食物不能下行。由于运动障碍易被发现，因此病鸡运动失调，步态异常是最早看到的症状。病变主要发生在腹腔神经丛，臂神经丛，坐骨神经丛和内脏大神经。病变神经变粗，比正常肿大2～3倍，呈灰色或黄色的水肿，纹路消失，好像在水中浸泡过一样。病变多为单侧性，很容易与另一侧对比。

②眼型：一侧或两侧眼球虹膜受害，丧失对光线的调节能力，虹膜正常色素消失，呈同心环状或斑点状至弥漫的灰白色，有鱼眼、灰眼、珍珠眼及白眼病之称。瞳孔收缩，边缘不整齐呈锯齿状，整个瞳孔仅仅留下一个针头大小的小孔。

③内脏型：常见于50～70日龄的鸡，神经症状往往不显，主要表现为精神沉郁、食欲不振，鸡冠萎缩苍白，有时腹泻，呈渐进性消瘦，突然死亡。常在肝、脾、肾、肺、腺胃、心脏、卵巢等器官形成单个或多个肿瘤。病变主要在各脏器内可见到肿瘤结节或弥漫性的浸润。卵巢呈菜花样

肿大。

④皮肤型：最初见于颈部及两翅，随后遍及局部的皮肤，常见到毛囊形成小结节或瘤状物，特别是在脱毛的鸡体上最易看出。病变常浸润羽毛囊，呈孤立或融合的灰白色隆起的结节。侵入肌肉时，病变多出现于胸肌和腿肌部，形成灰白色肿瘤。

（3）防治。该病目前无法治疗，只有认真贯彻预防措施。

①免疫接种。选择效果可靠的疫苗认真准确地进行接种，确保无一漏防。

②加强饲养管理，加强环境消毒，尤其是种蛋、孵化器和房舍消毒，成鸡和雏鸡应分开饲养，以减少病毒感染的机会。

4. 禽痘

禽痘是由禽痘病毒引起的禽和鸟类的一种缓慢扩散的传染病。通常在临床上可分为皮肤型和黏膜型两种类型。

（1）病原。禽痘病毒属于禽痘病毒科禽痘病毒属。病毒对外界环境有高度抵抗力，在上皮细胞屑中的病毒，完全干燥和阳光照射数周后仍能保存活力。但游离的病毒在1%～2%氢氧化钠或10%醋酸、0.1%升汞水中很快被灭活。消毒剂在通常消毒浓度下10分钟内能将病毒杀死，达到消毒目的。50%的甘油可以长期保存病毒。

（2）流行特点。本病以鸡和火鸡最易感染，其他如鸭、鹅及许多鸟类均可感染发病。各年龄、性别和品种的鸡均可感染，但以雏鸡最常发病，常引起大批死亡。

禽痘多通过健禽与病禽接触，经受损失的皮肤和黏膜而感染，也可通过呼吸道感染。本病一年四季均可发生，以夏季和蚊子活跃的季节多发。

（3）临床症状和病理解剖变化。根据病理表现的症状和病理变化可分为4种类型：

①皮肤型。在无毛或少毛的皮肤，特别是头部，如鸡冠、肉髯、口角、眼皮等处，发生数量不定的痘状病灶，以后很快（约需10日）干燥成褐色结痂，剥去痂皮，露出出血病灶，病情一般较轻，无全身反应。

②白喉型黏膜型。病变发生在咽喉、口腔、气管黏膜，呈现格鲁布性和伪膜性炎症，出现淡黄色或白色、灰白色干乳渣样扁平的覆盖物，故名"鸡白喉"。病鸡伸颈张口呼吸，呼吸、吞咽困难，体重下降，冬季多发，母鸡产蛋减少。该型预后不良，常因窒息死亡。

③混合型。即皮肤和口腔咽喉黏膜同时发生病变，病情较严重，死亡率高。

④败血型。少见，发生常以严重的全身症状开始，继而发生肠炎，败血性病变导致死亡，死亡率高。

病理剖检：病死鸡可见冠、肉髯、眼皮、口角等处皮肤发生痘疹。白喉型可见黏膜发生炎症，继而形成干酪样便膜，不易剥离。喉头、气管因肿胀变狭，坏死物脱落形成溃疡。鼻腔、眶下窦黏膜肿胀，肥厚，有渗出物滞留。

（4）防治。①对病鸡无特效药治疗，可采用对症疗法，防止或减轻并发症。②防治鸡痘必须采取综合性的措施。一旦发病，应严格检疫封锁，禁止外运；隔离病鸡，淘汰重症鸡；对鸡舍和用品应用漂白粉和熟石灰进行消毒，销毁尸体；对健康鸡进行隔离和预防接种。③预防接种是防治的根本，在鸡场和疫区可于春、秋两季对易感鸡，特别是新孵出的鸡，按时接种鸡痘鹌鹑化弱毒疫苗，也可用鸡胚化弱毒苗、组织培养弱毒苗和鸽痘疫苗等。

接种方法主要是翼翅刺种法和毛囊法两种，翼翅刺种法是用钢笔尖或注射针蘸取疫苗，刺种在翅膀内侧无血管处；毛囊法是拔去腿部外侧羽毛，用消毒毛笔或小刷蘸取1:10稀释的疫苗涂擦在毛囊上。

5. 高致病性禽流感

高致病性禽流感是高致病性流感病毒引起禽类的一种急性烈性传染病。鸡、火鸡、鸭、鹅和鹌鹑等家禽及野鸟、水禽、海鸟等均可感染。该病是世界动物卫生组织（OIE）规定的 A 类传染病。我国也列为一类动物疫病。

（1）临床症状。病禽主要表现为呼吸道、消化道、生殖道及神经系统的症状。病禽体温升高、精神沉郁、羽毛松乱、喜卧不动、食欲减少，有的流泪；鸡冠和肉髯发紫、干枯、坏死；脚鳞发紫出血；头部和面部水肿；有的出现下痢，粪便呈白色或淡黄色。呼吸道症状主要表现为咳嗽、喷嚏、啰音、呼吸困难。有的共济失调，不能走动和站立，出现神经症状。肉鸡死亡率高；蛋鸡产蛋率明显下降，甚至产蛋停止，畸形蛋、软壳蛋、沙壳蛋增多，蛋壳颜色变淡。上述症状可单独或几种同时出现。

（2）剖检病变。主要表现为窦炎、气囊炎、腹膜炎、输卵管炎，严重时心冠脂肪出血，内脏浆膜面出血，腺胃乳头出血，肠道黏膜、泄殖腔出血，胰腺、盲肠扁桃体的小点出血，肉仔鸡还可见到喉头及法氏囊出血。个别病禽可见纤维素性腹膜炎及卵黄性腹膜炎。蛋鸡常可见卵泡畸形、萎缩，输卵管内渗出物增多。特征性的病理组织学变化为水肿、充血、出血和"血管套"的形成，主要表现在心肌、肺、脑、脾等。

（3）防治要点。①强化免疫。由于禽流感病毒的血清亚型多，各地要根据当地流行的亚型，选择相应的亚型疫苗进行免疫接种，一般来说，灭活疫苗注射 14 天后才能产生免疫保护，免疫期为 4 个月。②加强检疫。防止禽流感疫情从疫区传入，对活禽、观赏鸟类、野禽及其产品应当进行严格检疫。各地在引进禽类及其产品时，一定要来自无禽流感的养禽场。③加强监测。对养禽场和规模养殖小区，一定要采取可行的措施，加强监测，密切注视疫情动向。④及时发现和扑灭疫情。一旦发现可疑禽流感时，要及时报告和诊断，鉴定所分离的禽流感病毒的血清亚型、毒力和致病性。发生高致病性禽流感后，应及时划定疫区，对疫区严格封锁；对疫点 3 千米范围内的所有禽类强制扑杀，对疫区内可能受到高致病性禽流感病毒污染的场所进行彻底的消毒；关闭禽类产品交易市场，禁止易感染活禽进出和易感染禽类产品运出；对受威胁区内的易感禽，进行紧急免疫接种，建立免疫隔离带，防止疫情进行一步蔓延。

6. 鸭瘟

鸭瘟又叫鸭病毒性肠炎，是鸭和鹅的一种急性败血性传染病，其特征为体温升高，两脚发软无力，下痢、流泪和部分病鸭头颈部肿大，故又称"大头瘟"。剖检特征为食管黏膜有小出血点，并有灰黄色假膜覆盖或溃疡，泄殖腔黏膜充血、出血、水肿和坏死，肝有不规则的大小不等的坏死灶及出血点。

（1）病原。鸭瘟病毒属于疱疹病毒。该病毒在56℃时10分钟即死亡，对常用消毒药抵抗力不大，使用0.1%升汞10～20分钟、75%酒精5～30分钟、0.5%漂白粉30分钟可使病毒失去活性，pH值为3和pH值为11时病毒也迅速死亡。

（2）流行特点。各种年龄和品种的鸭均可感染，成年鸭和产蛋鸭发病率高，死亡严重，1个月以下雏鸭发病较少，鹅也感染本病。

病鸭及带毒鸭的分泌物和排泄物污染饲料、饮水、用具可造成传播。本病主要经消化道传染，也可通过交配、眼结膜和呼吸道传染。

本病一年四季均可发生，一般是春夏之际和秋季流行严重。故低洼潮湿的多水地区，该病的发生和流行较为严重。

（3）临床症状。病鸭典型的症状是流泪和眼睑水肿，病初流出浆性分泌物，后变黏性或脓性分泌物，眼周围羽毛沾湿，常可因分泌物将眼睑黏住而不能张开。严重者眼睑水肿或翻出，可见结膜充血或小点出血，甚至形成小溃疡。

病鸭从鼻腔流出稀或稠的分泌物，呼吸困难，叫声嘶哑，个别还有咳嗽。病鸭下痢，排出绿色或灰白色稀粪。泄殖腔黏膜充血、出血、水肿，严重者黏膜外翻，可见泄殖腔黏膜有黄绿色假膜，不易剥离。

病鸭初期温度急剧升高达43℃～44℃，病后期，体温下降，体质衰竭，不久即死亡。急性病例，病程2～5天。亚急性6～10天，病死率达90%以上。产蛋鸭群的产蛋量减少，一般减产30%左右，随着死亡率的增高，可减产60%以上，甚至停产。

(4) 病理剖检。主要为全身性出血和水肿，皮肤黏膜和浆膜出血，皮下组织弥漫性炎症水肿。实质器官严重变性，消化道出血、炎症和坏死，尤其咽、食管和泄殖腔具有特征性的假膜，剥离后留有溃疡斑痕。

(5) 防治。目前尚无特效治疗药物，控制本病的发生需采取综合防治措施：不到有鸭瘟流行的疫区引种；不到疫区放牧；定期注射鸭瘟弱毒冻干疫苗，2 月龄以上鸭每只胸肌注射 1 毫升，免疫期为 6 个月，5～20 日龄的雏鸭每只背部皮下或胸肌注射 0.2～0.5 毫升，也可获得一定的免疫力，但最好于 3 个月后再重新注射 1 次，剂量为每只 1 毫升；鸭舍周围环境要卫生，定期消毒，切断传染源。

7. 鸭病毒性肝炎

鸭病毒性肝炎是由小核糖核酸病毒科肠道病毒属的鸭肝炎病毒引起的一种急性传染病，主要危害小鸭（家鸭、野鸭），是一种发病急、传播快和死亡率高的病毒性传染病，是危害养鸭业的重大疫病之一，可造成巨大的经济损失。

(1) 病原。鸭病毒性肝炎病毒属于小 RNA 病毒科，呈球形或类球形，无囊膜，无血凝性，可在鸭、鸡、鹅胚尿囊腔增殖。病毒抵抗力强，在自然环境中可较长时间存活。在污染的鸭舍内可存活 10 周以上，在潮湿的粪便污物中能存活 1 个月。2% 漂白粉、1% 甲醛、2% 苛性钠，需 2～3 小时才能灭活。

(2) 流行特点。在自然条件下，鸭病毒性肝炎只发生于雏鸭，雏鹅亦可感染，主要是 3 周龄内的雏鸭发病，成鸭呈隐性感染。最早发病日期可见于 3 日龄的雏鸭，发病率和死亡率均可高达 90% 以上，特别是新疫区，发病后 3～4 天内雏鸭几乎全部死亡,死亡高峰在发病后第二天。鸭肝炎病毒迄今已发现有3种血清型,目前国内最常见的是I型。病毒随粪便排出鸭体而污染饲料、饮水和周围环境,主要经消化道途径感染,但也可能经呼吸道感染。

本病的发生和流行没有明显的季节性,但冬春季节较多见暴发性流行。

(3)临床症状。最急性病例常无明显症状而突然倒地死亡,或仅见仰头踢腿、抽搐,很快死亡。多数病鸭初期表现精神极度沉郁,食欲减退、废绝,半天至1天后表现扭头、转圈、抽搐、死亡,死后常保持角弓反张死征。喙端和爪尖淤血呈暗紫色,少数病鸭死前排黄色或绿色稀粪。

(4)病理剖检。本病的特征性病理变化是肝脏肿胀,脆弱,黄褐或暗红色,表面有斑点状出血,出血灶如墨迹或刷漆样。胆囊肿大,胆汁草青色或淡红色。脾亦可见肿大、斑驳,常有细小点状出血。肾脏常见有肿胀和树枝状充血。感染鸭胚,胚体全身出血。

(5)防治。本病尚无特效化学药物可供治疗。严禁从疫区(场)或发病场购入鸭苗,严格执行消毒制度,运用弱毒疫苗进行免疫接种是防治本病的有效措施。种鸭在开产前接种鸭肝炎弱毒活疫苗2次,每次1毫升,间隔10~14天,以后每隔3个月强化免疫1次,可为新生雏鸭提供2~3周的被动免疫保护,该类雏鸭必要时在3~4周龄时接种弱毒活疫苗1次。对来自未经免疫的种鸭群的后代雏鸭,可在1日龄时接种弱毒疫苗;或1日龄时注射高免血清或高免蛋黄液0.5毫升,4~5天后再接种弱毒疫苗。

第二节 细菌性疾病的防治

1. 大肠杆菌病

大肠杆菌病是由致病性大肠杆菌引起的一种急性败血性疾病，已成为危害禽类养殖业的重要疾病之一。

（1）病原：大肠杆菌是一种革兰氏阴性、能运动但不形成荚膜和芽胞的杆菌，有多种血清型，可在普通培养基上生长，于麦康凯琼脂平板上菌落呈粉红色。本菌的抵抗力不强，对一般消毒药如漂白粉、苯酚（石炭酸）、来苏尔等均很敏感，对热也敏感，55℃时1小时或60℃时20分钟即可将其杀死。

（2）流行特点：本病可发生于各种龄期的野鸡、野鸭，尤其多见于2~8周龄幼禽。发病野鸡、野鸭和带菌鸡、鸭是主要的传染来源，经消化道和呼吸道侵入易感鸡、鸭，但不一定立刻引起临床症状。

（3）临床症状：本病病程有急性与慢性两种，急性败血性病症较急，常很快死亡。慢性病症较缓，孵化感染的新生雏禽，体质衰弱，缩颈闭目，腹部鼓胀，脐部红肿，多有下痢，终因败血症而死亡。发病年龄较大的，表现为食欲减退、精神萎靡、羽毛松乱、呆立、呼吸困难、鼻腔和口腔出血，粪便呈黑褐色水样，常发病后2~5天内死亡。

（4）病理剖检：幼禽发病，其卵黄吸收不全，有脐炎及败血症的病理变化。特征性病变为浆膜的渗出性炎症，肝肿大、色青绿或黄绿、纤维素性肝色膜炎，表面有絮状或薄膜状纤维素沉着；心包明显增厚、浑浊，心包液增多，气囊显著增厚，表面附有纤维性渗出物；脾肿大、斑驳；肺淤血水肿；产蛋鸡、鸭卵巢出血。可见卵黄性腹膜炎和腹水等症状。

（5）防治：①定期消毒野鸡（野鸭）舍场地及用具，入孵前的种蛋及孵化器要彻底消毒；②野鸡（野鸭）给水和饲料中可定期添加抗菌类药物；③发病时用青霉素、金霉素、磺胺类药物等均有较好的疗效。现正在研究试用多价大肠杆菌疫苗，给本病的预防带来了极大方便。

2. 禽巴氏杆菌病

禽巴氏杆菌病又称禽霍乱、禽出血性败血症，是禽类（鸡、鸭、鹅、火鸡）共患的一种急性败血性传染病。其发病率和死亡率都很高，病禽临床特征常表现剧烈的腹泻。

（1）病原：多杀性巴氏杆菌，本菌为革兰阴性小杆菌，用亚甲蓝（美蓝）或瑞氏染色后，菌体的两端着色特色深，呈明显的两极性。

禽巴氏杆菌对一般消毒药物抵抗力不强，3%臭药水、1%石炭酸或0.02%升汞都可作消毒之用。

（2）流行特点：鸡、鸭、鹅及鸟类均可发生本病，本病常以散发性、间或呈地方流行性。

禽霍乱一年四季均可发生，但以秋冬季节为多见，潮湿、阴冷、气候突变、拥挤、通风不良、卫生条件差、体内寄生虫、营养不良、长途运输等应激因素都可以促使发病和流行。本病主要由污染的饮水、饲料、土壤、工具和饲养人员把病菌带到新鸡群中，经家禽消化道、呼吸道及外伤感染。

病禽体内各部分及排泄物均含有大量禽霍乱病原体。引进带菌的野鸡（鸭）是引发本病的主要原因。

（3）临床症状：健康禽感染巴氏杆菌后潜伏期为4～9天。本病可分为最急性型、急性型和慢性型三种类型。

①最急性型：常发生于本病流行的最初阶段，常见家禽晚间一切正常，食得很饱，次日早晨即发现已经死在栏内，特别是肥胖及产蛋能力高的母禽先发病死亡。

②急性型：是继最急性型之后出现的病例。表现一般的临床症状，冠、肉髯呈青紫色，呼吸困难，体温高达43℃～44℃，黄白色下痢，1～3天死亡；

③慢性型：慢性型的发生于流行后期，病禽消瘦，可视黏膜苍白，腿关节肿大、跛行，病程可拖延到一个月以上才死亡，或成为带菌者。

（4）病理剖检：肝脏明显肿大，表面有很多针尖大的灰色坏死点，心外膜和心冠脂肪有出血点，心包积液，小肠、腹膜及肠系膜等处呈现出血性炎症。肠道黏膜发生严重的急性卡他性或出血性炎症变化，尤以十二指肠为甚。

（5）防治：①加强饲养管理，严格执行卫生消毒制度，定期消毒野鸡、野鸭舍和用具等，避免饲料和饮水污染。及时检出并妥善处理病死野鸡、野鸭。②若野鸡（鸭）场发生过本病，应接种疫苗，一般应在2月龄给野鸡、野鸭进行首免，肌内注射禽霍乱氢氧化铝菌苗2毫升，免疫期3个月。种野鸡在产蛋前1个月再行二免。若用禽霍乱弱毒活菌苗，每只肌内注射0.2～1毫升，免疫期6个月。③在春秋两季或气候突然变化时节或野鸡（鸭）发生下痢时，在日粮中添加适量的抗菌药物，可有效预防发病。治疗药物很多，效果均较明显。链霉素，按每千克体重5万单位，每天肌注2次，连用3～4天；青霉素，按每千克体重3万～5万单位，每日

2 次，连用 3 天；金霉素，按每千克体重 20 毫克，每天肌注 1 次，连用 2 天。④饲料中拌入 0.5% ~ 1% 的磺胺噻唑或磺胺二甲基嘧啶，或每千克体重肌注 20% 磺胺唑钠或 20% 磺胺二甲基嘧啶注射液 0.5 毫升，每天 2 次，连用 3 ~ 5 天；或用 5% 氟哌酸预混料 100 克拌入日粮 100 千克，连喂 2 ~ 3 天。

3. 鸡白痢

鸡白痢是鸡的一种极其常见的细菌性传染病，在幼雏表现败血症病型，发病率和死亡率都很高。在成年鸡多为慢性或瘾性感染，一般不表现明显的症状。

（1）病原：本病病原为鸡白痢沙门氏菌，它是一种革兰阴性小杆菌，广泛存在于病鸡内脏各器官中，以肝、脾、卵黄囊、肠和心血中最多。鸡白痢沙门氏菌对寒冷、干燥及直射日光抵抗力不强，一般消毒药物都能迅速杀死病菌。

（2）流行特点：各品种雏鸡对白痢病都有较高的易感性。病菌可通过多种途径传播，康复鸡所产的种蛋带菌，有时高达 33.7%。病鸡排出的粪便中含有大量病菌，可污染饲料、饮水、饲养用具，再经鸡消化道感染。白痢病的最主要传播方式是垂直和水平传播。①垂直传播：雏鸡患白痢病后可以耐过，成年母鸡感染白痢成为带菌者，在卵巢便有白痢菌，这些鸡所产的种蛋约有 30% 是带菌蛋。孵化中部分胚胎死亡，部分发育出壳成白痢病雏。②水平传播：带有白痢菌的种蛋与无菌蛋同时摆放、孵化，便被污染带菌。从带菌蛋孵化出的雏鸡便是白痢病雏，出壳后其排出带菌的粪便以及卵壳碎片、绒毛等严重污染孵化器，很容易感染健康雏鸡，造成白痢病水平传播，扩大蔓延。

（3）临床症状：由于被感染野鸡的年龄不同而出现不同

的症状。

雏野鸡：用感染蛋孵出的小雏，通常在出壳后不久即死亡，见不到明显症状。5~7日龄病势达到极点。病雏精神沉郁，低头缩颈，闭眼昏睡，羽毛松乱，食欲下降或不食，怕冷，喜欢扎堆，嗉囊膨大充满液体。突出的表现是下痢，排出一种白色似石灰浆状的稀粪，并黏附于肛门周围的羽毛上。排便次数多，使肛门常被黏糊封闭，影响排便，病雏排粪时感到疼痛而发出尖叫声。初生雏2~3日龄开始发病，并出现死亡，以后死亡数逐渐增加，约10日龄时死亡达到高峰，2~3周时，雏野鸡死亡数逐渐减少。

成年野鸡：成年野鸡患病不表现临床症状，或为瘾性带菌者，病程可延长12个月。有时可见腹部下垂，贫血，间或出现下痢症状。

（4）病理剖检：病死鸡呈败血症经过。鸡只瘦小，羽毛污秽，肛门周围污染粪便，脱水，眼睛下陷，脚趾干枯。卵黄吸收不全，卵黄囊的内含物变成淡黄色并呈奶油样或干酪样黏稠物。雏鸡心、肝上有灰白色小结节；肝脏肿大，可见点状出血或灰白色针尖状的灶性坏死点。脾有时肿大，输尿管显著膨大并有尿酸盐沉积。肠道呈卡他性炎症，特别是盲肠常可出现干酪样栓子。成年野鸡常见卵巢萎缩，卵形异常和变色，或引起腹膜炎和腹腔内脏器的粘连。成年雄野鸡的病变局限于睾丸极度萎缩和输精管增大，充满黏稠的渗出物。

（5）防治：①种野鸡场必须做好白痢净化工作，淘汰检出白痢阳性鸡。种野鸡在6月龄左右开始检疫，每隔15天检疫1次，连续检疫4次，以后两次检疫均为阴性的鸡，则可作种用。②认真做好种野鸡场的消毒工作，尤其是孵化过程中的消毒，每次孵化前需将孵化机清洗消毒；种蛋可用1000倍稀释的新洁尔灭在30℃～40℃温度下浸泡5分钟，洗净蛋壳，晾干后再用福尔马林熏蒸。幼雏野鸡从第一次喂食起在饲料中加入0.01%的呋喃唑酮（拌匀），连喂3～4天，停2天，交替进行。

4. 禽结核

野鸡结核病是由分枝杆菌引起的一种慢性传染性疾病。广泛分布于世界各地，所有的鸟类都能被感染，而野鸡更易感，对野鸡养殖业危害较大。

（1）病原：禽型结核杆菌属抗酸菌，呈杆状，两端钝圆。本菌对外界抵抗力较强，在干燥的分泌物中数月不死，在土壤和粪便中能生存数月乃至数年，在掩埋的尸体中能存活3～12个月，在60℃湿热环境中能存活30分钟，100℃时1分钟内可被杀死。用5%石炭酸、2%来苏尔溶液12小时才能将其杀死。本菌对碱的抵抗力也很强，对酒精最敏感，用50%～70%的酒精或10%漂白粉能在很短的时间内将其杀死。

（2）流行特点：各种鸟类都能感染本病。禽型结核杆菌也能使猪和牛感染。

从病禽的肠道溃疡性结核病变排出的大量结核杆菌，是本病传染的重要来源。此外，呼吸道也是个潜在的感染来源，特别是当病变发生在气管黏膜时。病禽排泄物、分泌物污染的场地、垫料、用具、饲料、饮水等被健康禽采食和接触后可引起感染。病禽产的蛋也能带菌传染本病。运输工具和饲养人员也是本病的传播媒介。野鸟、猪、牛等也可把禽结核菌传播给野鸡群。

（3）临床症状：本病潜伏期不一，短者几天，长者数月。患病野鸡食欲减少，精神不振，羽毛蓬乱，营养不良，胸肌明显萎缩，胸骨突出似刀，不愿活动，经常蹲于阴暗处打瞌睡、离群孤立，外观腹围增大，一翅或双翅下垂、跛行等。

（4）病理剖检：主要表现为肝脏、脾脏、肺脏及肠壁等脏器中形成灰白色或灰黄色肿瘤状结核结节，小的如针尖大或粟粒大，大的如黄豆粒，切开结节，可见结节外层是纤维性的包膜，里面充满黄白色干酪样物。

（5）防治：

①加强检疫，对健康野鸡群，每年定期进行 2 次检疫，4～5月产蛋前检疫 1 次，5～10 月对成年野鸡和育成野鸡检疫一次，淘汰阳性反应野鸡，防止传染扩大。对疑似野鸡群，间隔半个月连续检疫 3 次。淘汰病野鸡群，严格检疫新进的种野鸡。

②预防结核病的有效措施是以卡介苗口服。方法是 2～2.5 月龄雏鸡每只口服 0.25～0.5 毫升，混在饲料中喂服，隔日 1 次，共用 3 次。

③对笼舍、用具进行彻底消毒。舍内地面和 1 米以下的墙壁及用具用 5% 来苏尔、10% 漂白粉、20% 石灰乳冲洗，舍内密封用福尔马林熏蒸。

5. 鸭疫里杆菌病

鸭疫里杆菌病，又称鸭传染性浆膜炎、新鸭病或鸭败血症，是由鸭疫巴氏杆菌引起的侵害雏鸭的一种慢性或急性败血性传染病。

（1）病原：本病的病原是鸭疫巴氏杆菌，无芽胞，不能运动，纯培养菌落涂片可见到菌体呈单个、成对或呈丝状，菌体大小不一，瑞氏染色菌体两端浓染，墨汁负染见有荚膜，最适合的培养基是巧克力琼脂平板培养基、鲜血（绵羊）琼脂平板、胰酶化酪蛋白大豆琼脂培养基等。该菌根据琼脂扩散试验分为 8 个血清型，彼此间无交叉免疫保护性。

（2）流行特点：本病主要发生于 2～8 周龄的鸭、野鸭，其中家鸭最敏感，野鸭的抵抗力较大。除鸭外，鹅、火鸡及多种禽类也有发生。发病鸭和带菌鸭是主要传染源，侵入途径主要是呼吸道和损伤的皮肤。本病一年四季均可发病，但以春季和冬季为多见。

（3）临床症状：主要症状是精神沉郁、缩颈、嗜睡、嘴拱地，跗关节肿胀、腿软，不愿走动，行动迟缓，共济失调，食欲减退或不思食欲，鼻窦部肿胀，眼鼻分泌物增多，呈浆液性或黏液性，以致眼周羽毛湿润、粘连或脱落，如"眼圈"样；下痢。

（4）病理剖检：主要变化是广泛的纤维素性浆膜炎，其中以纤维素性心包膜炎、肝周炎和气囊炎最为多见和明显。

（5）防治

①加强饲养管理，注意鸭舍的通风，保持环境干燥、清洁卫生，经常消毒。

②药物防治：用新霉素、林可霉素、大观霉素、磺胺五甲氧嘧啶等对鸭疫里杆菌防治效果良好。

③免疫接种：目前国内外主要有灭活油乳剂和弱毒活苗两种。福尔马林灭活苗给一周龄雏鸭 2 次皮下免疫接种，其保护率可达 86% 以上，具有较好的防治效果。

6. 禽曲霉菌病

禽曲霉菌病主要是由烟曲霉菌等曲霉菌引起的多种禽类的一种真菌疾病。主要特征是呼吸器官组织中发生炎症并形成肉芽肿结节。

（1）病原：曲霉菌为需氧菌。曲霉菌在自然界适应能力很强，一般冷热干湿的条件下均不能破坏其孢子的生活能力，煮沸5分钟才能杀死。一般的消毒药须经1~3小时才能灭活。

（2）流行特点：可在各种禽类中发生，常见于鸡、火鸡及水禽、野鸟等。胚胎及6周龄以下的雏鸡易感，4~14日龄最为易感。

本病可通过多种途径感染。曲霉菌可穿透蛋壳进入蛋内，引起胚胎死亡；通过呼吸道吸入、肌内注射、静脉、眼睛等感染，还可通过污染垫料和饲料造成环境污染。

（3）临床症状：幼禽发病多呈急性经过，表现为呼吸困难，张口呼吸、喘气，有浆液性鼻漏。食欲减退、饮欲增加，精神委顿、羽毛松乱、缩颈垂翅。后期消瘦、发生下痢。一般发病后2~7天死亡，慢性的可达2周以上，死亡率一般为5%~50%。

（4）病理剖检：在胸膜、腹膜，尤其是肺、气管和气囊常见到一种针头至绿豆大的结节或菌丝团，呈灰白色或淡绿色，柔软而有弹性，初生雏经过2~3天死亡，此时结节尚未形成，可在气囊浆膜等处见到小丘状隆起或软骨样圆盘，表面凹陷，有青绿色真菌附着。

（5）防治：①加强饲养管理，搞好环境卫生。用无致病性的清洁垫料和饲料，可以有效地控制发病。②野鸡（鸭）

舍和种蛋用福尔马林熏蒸消毒。发病鸡（鸭）群要隔离饲养，要换饲料、清除垫料、彻底消毒。③药物治疗：野鸭每1000毫升饮水中加碘化钾5～10克，连用3～5天；每1000毫升饮水中加硫酸铜0.3克，连用3～5天。雏野鸡则每天用制霉菌素4～5毫升，拌在饲料中喂给，病重的野鸡可适当增加药量，并直接灌服，连用3～5天。

第三节　常见寄生虫病的防治

1. 球虫病

球虫病是养禽生产中一种重要的和常见的疾病，本病分布广，对幼雏危害很大，死亡率可高达100%，鸡、火鸡、鹅、鸭等都可感染，其一般症状和防治方法大体相同。

（1）病原：鸡盲肠球虫病由柔嫩艾美耳球虫引起，寄生在雏鸡盲肠黏膜内。鸭球虫病的毁灭泰泽球虫和菲莱温扬球虫寄生于鸭小肠，其中前者的危害性较大，主要寄生于小肠前段，后者致病性不强，主要寄生于回肠后段。

（2）流行特点：病野鸡（鸭）和带虫鸡、鸭是本病传染源，卵囊随宿主的粪便排出体外，在潮湿和温暖的条件下经过几天之后发育成熟，健康小鸡（鸭）吞食这种成熟的卵囊后就会感染发病。本病主要发生于3个月以内的小鸡，20～45周龄最易感染，发病率和死亡率都很高，易流行。本病的发生与外界环境条件和饲养管理密切相关，气温在22℃～30℃，潮湿多雨，育雏室过于拥挤，清洁卫生条件差，营养成分不全，都会促进或加重本病的发生。

（3）临床症状：患病雏鸡（鸭）初期精神不振，羽毛松乱，腹泻，拉暗红色或鲜色血便，消瘦，随后食欲废绝，饮水大增，翅下垂，运动失调，贫血，死亡率达50%～100%。

3月龄以上的鸡多呈慢性经过，症状不明显，病程长达数周。病鸡消瘦，腿和翅常发生轻瘫，间隙下痢，虽很少死亡，但影响生长。

慢性病例通常无明显症状，间有下痢。耐过鸭生长发育受阻，长势缓慢。

（4）病理剖检：鸡为盲肠肿胀，外观呈棕红色或暗红色，盲肠腔内充满血液或血样凝块，或含有黄白色豆腐渣样混有血液的内容物。鸭为小肠肿胀，呈暗红色或红紫色，黏膜充血，密布小出血点、斑，部分可见红白相间的小点或糠麸样物被覆。肠内充满淡红色或鲜红色黏液状内容物，呈卡他性、出血性炎症外观。

（5）防治：①加强饲养管理和环境卫生控制，定期清除粪便、污物，并做堆沤等无害化处理，保持鸡（鸭）舍清洁干燥，避免粪便污染饲料和饮水，减少各种应激等对防治本病具有积极作用。②定期在饲料中加入适量防球虫药物，如球虫灵、呋喃唑酮等，预防药量是治疗药量的一半。饮用青霉素水每只雏野鸡每天2000单位，育成野鸡3000～5000单位，连饮5天，或用呋喃西林0.04%拌在饲料中，治疗量按0.02%～0.04%拌在饲料中，连喂5～7天。磺胺嘧啶钠0.4%混饲，或0.1%～0.2%混饮，连用3～5天，病重鸭每只灌服0.5%的溶液1毫升，每日3次，连用2天，然后改为混饲或混饮，连续2～3天。0.1%磺胺-6甲氧嘧啶，混饲，连用3～5天。

在免疫方面，目前应用于鸡球虫病免疫预防的球虫疫苗有数种，加拿大产活毒苗、英国产弱毒苗经饮水免疫5～10

日龄雏鸡，捷克产致弱苗经饮水免疫 7～10 日龄雏鸡，中国上海家畜寄生虫研究所产双重致弱苗，经拌料或饮水免疫。

活毒苗或致弱苗免疫后，鸡群可能出现轻微的免疫反应，即粪中见有少量血，这属正常现象，不需要用抗球虫药。否则将影响免疫效果。

2. 鸭肠道吸虫病

鸭肠道吸虫病是由各种吸虫寄生于鸭肠道而引起的寄生虫病。

（1）病原：寄生于鸭肠道（主要是直肠和盲肠），且危害性较大的吸虫主要有棘口科吸虫和背孔科吸虫。上述吸虫在其生活史中均需 1 个或 2 个中间宿主——淡水螺蛳。寄生于鸭肠道内的成虫所产的卵，随粪便排出体外，在适宜的环境下发育并孵出毛蚴，后者进入中间宿主体内，经胞蚴、雷蚴、尾蚴等阶段的发育而成为囊蚴。鸭子摄食含有囊蚴的中间宿主或水草而受侵染。各品种不同龄期的鸭都能感染，但对雏鸭、幼鸭的危害较大。

（2）临床症状：这类吸虫对宿主的危害主要是虫体对肠道黏膜的机械性损伤和刺激，以及其产生的毒素对机体的影响，引起宿主发生肠炎和消化吸收功能紊乱。病鸭表现食欲不振或废绝，下痢，消瘦，贫血，生长发育迟滞和产蛋量下降，最后可因极度衰弱和中毒而死亡。

（3）病理剖检：眼观病变除一般性衰竭性病变外，典型病变主要见于肠道。肠黏膜肥厚、发炎、出血，并可见大量虫体。

（4）防治：搞好鸭舍和运动场地的清洁卫生，及时清除粪便并做堆沤等无害化处理；定期有计划地驱虫，并对驱出的虫体及粪便做严格的无害化处理；以化学药物杀灭放养水域的中间宿主。

常用的驱虫药有：硫双二氯酚，20～30mg/千克体重，一次性口服。

3. 羽虱

羽虱是一种常见的体表寄生虫。它寄生在野鸡的体表，在野鸡的羽毛间产卵繁殖，冬季繁殖量较大。秋冬季羽虱繁殖旺盛，羽毛浓密，同时野鸡拥挤在一起，是传播的最佳季节。

羽虱以禽类的羽毛及皮屑为食，也吞食皮肤损伤部位的血液。

（1）临床症状：野鸡感染后表现为脱毛、皮肤损伤、不安、体重下降、消瘦和贫血。

（2）防治：①对笼舍以及用具进行杀虱和消毒。②将1%的氟化钠溶液、0.1%敌百虫药液或2%的除虫菊酯用喷雾器逆羽毛喷洒，或夏天用以上药液进行药浴。药浴时，握住野鸡的翅膀，把野鸡体浸入药液内几秒钟，使药液接触到野鸡的皮肤，再把头浸浴1～2次，然后把野鸡取出，待野鸡身上多余药液稍稍流干后，即可放掉。

第四节　营养不良性疾病的防治

1. 钙、磷缺乏与维生素 D 缺乏症

禽类对钙和磷的需要量较多，钙是骨骼的主要成分，蛋含钙也多。磷是骨髓的主要成分，体组织和脏器含磷较多，饲料中缺乏钙、磷，病禽根本无法正常生长发育，而钙、磷的吸收要靠维生素 D 来调节，促进钙向骨骼内沉积和向血液中释放，参与蛋壳的形成。因此，禽类对钙、磷、维生素 D 的需要与吸收是相互关联的，缺一不可。

（1）临床症状：缺乏症主要表现为雏鸡喙部柔软，龙骨弯曲，肋骨末端形成捻珠状膨大，关节肿大，腿无力，行走不稳。产蛋母鸡，初期出现产薄壳蛋和软壳蛋的数量逐渐增加，随后产蛋量减少，孵化率降低。严重时表现双腿软弱、无力，呈企鹅样蹲着，有时瘫痪，不能行走。

（2）病理剖检：维生素 D 缺乏的特征性变化是骨及软骨变化和甲状旁腺增生肿大。在肋骨与肋软骨连接处有明显的肿胀。

（3）防治：防治措施主要是平衡日粮中的钙磷比例，按饲养标准添加维生素 D，满足其需要量，同时增加运动和光照。对发生缺乏症的家禽每千克饲料中补充维生素 D_3 200 ~ 500 国际单位，严重者一次投 2 万国际单位有很好的治疗效果。

2. 维生素 B 族缺乏症

维生素 B 族是含十几种维生素的一个复合群，这类维生素都属于水溶性，主要存在于谷物和动物肝脏及酵母中，反刍动物在瘤胃中可由微生物合成，禽类则必须靠饲料中供应，供应不足便会出现维生素 B 缺乏症。

（1）维生素 B_1 缺乏症

临床症状：饲料中缺乏维生素 B_1 时，雏鸡（鸭）会在 2 周龄内出现多发性神经炎，表现为雏鸡（鸭）衰弱、无食欲，羽毛松乱无光，体质虚弱。特征性症状是头常偏向一侧，团团打转或无目的地奔跑、跳跃，故有"发头晕"、"发神经"、"打筋斗"的俗称。成年鸡（鸭）发病较慢，除精神食欲失常外，还表现鸡冠呈蓝紫色，步态不稳直至瘫痪。病理剖检可见皮下弥漫性水肿、性腺萎缩，尤以睾丸明显，肾上腺肥大，特别是母（鸡）鸭更加明显；胃肠萎缩，肠炎。

防治：应注意日粮中谷物搭配，保证日粮中含有足够的维生素 B_1，并适当提供青绿饲料是预防本病的主要措施。饲料谷物应妥善保存，防止由于霉变、加热和遇碱性物质而致维生素 B_1 受到破坏。发病后口服维生素 B_1 可收到良好疗效。

（2）维生素 B_2 缺乏症

临床症状：禽饲料中缺乏维生素 B_2 时，正常生长发育受阻，消瘦病鸡趾爪向内蜷曲，两肢瘫痪，以跗关节着地，两翅开展以维持平衡，身体移动艰难，腿部肌肉萎缩，虽有食欲但采食困难，严重时发生下痢、贫血。成年野鸡发病会造成产蛋率和种蛋孵化率严重下降。

病理剖检：胃、肠黏膜萎缩，肠壁变薄，肠道里有多量的泡沫状内容物。重症野鸡坐骨神经和臂神经显著肿大柔软。

防治：注意日粮配合，选用含维生素 B_2 较多的饲料加入日粮。雏禽料每千克添加 3.6 毫克，育成禽料添加 1.8 毫克，种禽料添加 2.0～3.8 毫克。治疗可用盐酸核黄素，每只成年野鸡每天喂 1 毫克，雏野鸡减半，连喂 3 天。

（3）维生素 B_3（泛酸）缺乏症

临床症状：病鸡生长缓慢，精神委顿，羽毛粗乱，两翼下垂，口角和趾部形成痂皮，眼分泌物增多，眼睑常被黏合，影响视力。病野鸡逐渐瘦弱死亡，成年野鸡产蛋下降，种蛋孵化率低，后期胚胎死亡率高。

病理剖检：病野鸡贫血，胸腺萎缩，肌胃黏膜被腐蚀，腺胃壁增厚，胆囊胀大。

防治：合理搭配日粮，喂给青绿饲料和富含泛酸的饲料可防止该病发生。治疗时可用口服或注射维生素 B_3，并在饲料中按每千克饲料补充泛酸钙 8 毫克。

第五节　其他疾病的防治

1. 啄癖

啄癖是指野鸡啄羽、啄肛、啄趾等现象的总称。本病在任何年龄的鸡（鸭）群中都可发生，可造成被啄鸡（鸭）的损伤和死亡。

（1）啄癖发生的主要原因

①日粮配合不当，质量低劣：日粮蛋白质中的赖氨酸、蛋氨酸、亮氨酸和色氨酸、胱氨酸中的一种或几种含量不足或过高。造成日粮中氨基酸不平衡，均可导致啄癖发生。

②日粮供应不足：导致野鸡（鸭）处于饥饿状态，为觅食而发生啄食癖。日粮中缺乏微量元素如钙、磷、锰、硫、钠等，易导致啄肛、啄趾、啄羽等。

③维生素缺乏：当日粮中缺乏维生素 B_2、维生素 B_3 时，可造成机体氧化还原酶的缺乏，肝内合成尿酸的氧化酶的活性下降，因而摄取氨基酸合成蛋白质的功能下降，机体得不到所需的氨基酸和蛋白质。如色氨酸缺乏时，可使鸡（鸭）体神经紊乱，产生幻觉，识别能力差，从而易产生啄癖。

④其他原因：如寄生虫感染、应激因素、不良的环境条件等都可能导致啄癖发生。

（2）防治啄癖的措施

①断喙：在野鸡 15～20 日龄、50～60 日龄时进行断缘对防止啄癖十分有效。

②给野鸡网舍内提供适当的遮挡视线物或地面覆盖物。将产蛋箱（窝）放在黑暗处对已被啄伤的野鸡，实行隔离饲养。

③加强饲养管理。a. 按野鸡生长各阶段管理和要求确定适宜的饲养密度；b. 合理配合饲料，日粮中氨基酸与维生素的比例为：蛋氨酸 > 0.7%，色氨酸 > 0.2%，赖氨酸 > 1.0%，亮氨酸 > 1.4%，胱氨酸 > 0.35%；每千克饲料中含维生素 B_2 2.6 毫克，维生素 B_6 3.05 毫克，维生素 A 1200 国际单位，维生素 D_3 110 国际单位。这样可防止由于营养性因素诱发的啄癖；同时注意各种矿物质和微量元素的配比，饲料钙含量和钙磷比例。c. 野鸡舍内放置保健沙，让野鸡自由啄食；d. 交配繁殖期公母配合比例要合适；e. 光照宜采用弱光；另外还应有足够的清洁饮水。

2. 食盐中毒

食盐中毒是指禽类从日粮中摄食过量的氯化钠或 Na^+ 而发生的，表现为渴极狂饮、嗉囊积液、流涎、下痢、共济失调，最后痉挛、虚脱死亡为特征的中毒病。

饲料在生产过程中添加氯化钠过量，或添加咸鱼粉过量，或将咸鱼粉当作淡鱼粉加入饲料等均可导致食盐中毒。

临床症状的轻重取决于摄取食盐量的多少。当吃入过量的食盐，首先消化道发生刺激性炎症，病禽食欲不振，表现不安，并发生腹泻，有强烈的饮欲症状，极度兴奋，继而病禽精神沉郁，运动失调，时而转圈，时而倒地，呼吸困难，虚脱，抽搐，严重时死亡。

病变主要发生在消化道。嗉囊充满黏性液体，黏膜脱落，腺胃黏膜充血，表面形成假膜，小肠发生急性卡他性肠炎或出血性肠炎，黏膜充血发红，并伴有出血点，心包积水，心肌、心冠脂肪有点状出血，肺瘀血水肿，腹水增多，皮下组织水肿、血液浓稠，色泽变暗，脑膜血管扩张，并伴有针尖大出血点，脑水肿。

防治措施：严格控制饲料中的食盐含量，一般不要超过0.4%，并且要将鱼粉中的含盐量计算在内，严禁使用劣质掺盐鱼粉。发现中毒后立即停止喂食盐或食盐多的饲料，供给充足清洁的饮水或糖水，为防止病禽继续吸收已摄入的食盐，及避免肠道内食盐继续损害消化道黏膜，可给病禽适量服用淀粉，并适当供给青饲料。饲料中可添加多种复合维生素，或抗生素预防继发感染。

参考文献

1. 何艳丽，李生，赵传芳. 野鸭、野鹅. 北京：科学技术文献出版社，2004

2. 王建国. 野鸡养殖. 北京：中国农业科学技术出版社，2002

3. 周长海，毕金焱. 雉鸡养殖. 北京：金盾出版社，2001

4. 王琦. 野鸭养殖技术. 北京：金盾出版社，2002

5. 张化贤. 特种经济动物养殖. 成都：四川科学技术出版社，1997

6. 杨森华，张晓琳. 肉用野鸭珍禽养殖. 北京：科学技术文献出版社，1997

7. 湖南省农业厅. 畜禽饲养及疾病防治. 长沙：湖南人民出版社，2005

8. 赵万里. 特种经济禽类生产. 北京：中国农业出版社，1993

9. 杨宁. 家禽生产学. 北京：中国农业出版社，2002

10. 王春林，赖友钦，徐永根. 新编养鸡手册. 上海：华东化工学院出版社，1992

11. 罗运泉. 养鸡及鸡病防治手册. 长沙：湖南科学技术出版社，1997

12. 孟千湖. 家禽实用养殖技术. 长沙：湖南科学技术出版社，2001

13. 黄春元. 最新家禽实用技术大全. 北京：中国农业大学出版社，1996